安化黑茶资源探索研究

胡治远　著

吉林大学出版社

·长春·

图书在版编目(CIP)数据

安化黑茶资源探索研究 / 胡治远著. — 长春 : 吉林大学出版社, 2023.1
ISBN 978-7-5768-1349-4

Ⅰ. ①安… Ⅱ. ①胡… Ⅲ. ①茶叶—研究—安化县 Ⅳ. ① TS272.5

中国版本图书馆 CIP 数据核字 (2022) 第 245683 号

书　　名：安化黑茶资源探索研究
　　　　　ANHUA HEICHA ZIYUAN TANSUO YANJIU

作　　者：胡治远　著
策划编辑：邵宇彤
责任编辑：杨　平
责任校对：田茂生
装帧设计：优盛文化
出版发行：吉林大学出版社
社　　址：长春市人民大街4059号
邮政编码：130021
发行电话：0431-89580028/29/21
网　　址：http://www.jlup.com.cn
电子邮箱：jldxcbs@sina.com
印　　刷：三河市华晨印务有限公司
成品尺寸：170mm×240mm　　16开
印　　张：16
字　　数：265千字
版　　次：2023年1月第1版
印　　次：2023年1月第1次
书　　号：ISBN 978-7-5768-1349-4
定　　价：98.00元

前言 Preface

安化黑茶的诞生，和我国古代劳动人民的勤劳与智慧是分不开的。早在汉代，边区就萌发了茶叶贸易，当时的茶商将从内地收购的茶叶沿丝绸之路销往西北各地乃至中西亚各国。在漫长的集散、加工、转运过程中，人们注意到茶叶经日晒夜露，偶尔出现有利发酵而使香气滋味更佳的现象，通过不断对茶叶发酵条件进行探索实践，三砖、三尖、花卷等形式多样的安化黑茶产品终于被创制出来。

如今，安化黑茶以其独特的保健功效，已由昔日的边销茶逐渐成为国内外市场的新宠，发展势头十分强劲，黑茶的加工也不再局限于安化一地，而是扩展到全国的几大茶叶产区，对推动茶叶加工及关联产业人员创业增收、发展黑茶产业产生了深远影响。笔者编纂的《安化黑茶资源探索研究》，系统地对安化黑茶的历史起源、品质特点、制作技艺、品鉴方法、活性成分、保健功效、创新发展以及黑茶金花菌种质资源等进行探讨，旨在为黑茶爱好者、行业技术人员提供参考。也希望在众多同仁们的不断努力下，黑茶能够更高效地转化为社会财富，为助力健康事业、经济发展作出应有的贡献。

黑茶古朴的包装形式总是牵动人们无限遐想。古代，黑茶作为边区人民的生活必需品，随茶人们跨越重山万水，使文明交流的足迹遍布每一个角落；如今，黑茶以其巨大的保健价值，带动着千万人民致富。在众多学者的不断努力下，黑茶新型产品开发正方兴未艾。未来，黑茶的研究与开发将会更深更广，可以说黑茶产业是一座采之不尽，用之不竭的“健康富矿”。

本专著属于湖南城市学院“双一流”学科文库，特别感谢“黑茶金花湖南省重点实验室”“安化黑茶非遗传承湖南省社会科学普及基地”“安化黑茶湖南省科普教育基地”团队成员在本书编写过程中的大力帮助与支持。此外，由于作者对安化黑茶的认识源自文献调研以及团队前期研究成果，编写中难免有不妥甚至错误之处，敬请同行批评指正！

胡治远

2022 年 7 月

目 录
Contents

第一篇　安化黑茶技艺与特点

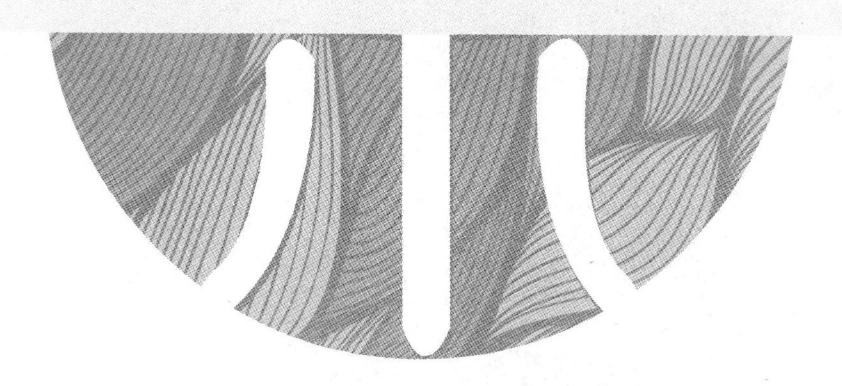

第一章　黑茶简介

第一节　中国黑茶

黑茶与绿茶、红茶、黄茶、青茶、白茶并属于六大茶类，也是发酵程度最高的一种茶叶品种。传统黑茶以成熟度较高的毛茶为主要原料，并经长期发酵后制成，因成品的外形多显油黑至深褐色，故而得名。黑茶是一种可长时间储存的茶类，集深沉与古朴于一身，承载着中国茶事变迁的历史。

黑茶的源头可追溯至唐代早期的茶马互市，当时四川雅安与陕西汉中是中国主要的茶马贸易集散地，茶叶从雅安开始到达边区主要销售地需要三个多月的路程，在此期间茶叶经日晒雨淋，在微生物的作用下发酵，颜色也从绿色逐渐变成了黑褐色。此外，为便于运输，人们还使用蒸压的方式将茶叶制成团茶，此过程中茶叶还需经过一定的时间进行湿坯渥堆，这也会导致茶叶色泽慢慢变黑，形成品质完全不同于初期的茶品。久而久之，人们根据以往经验，在加工过程中刻意增加渥堆发酵工序，黑茶由此诞生。

最早有关黑茶的史料记录，是在唐德宗贞元期间（785—804 年），据《封氏闻见录》载，“往年回鹘入朝，大驱名马市茶而归”。而“黑茶”二字最早出现在史书则是在明嘉靖三年（1524 年），御史陈讲奏疏云：“以商茶低伪，征悉黑茶。地产虽有限，仍第为上中二品，印烙篾上，书商名可以考之。每十斤蒸晒一篾，运至茶司，官商对分，官茶易马，商茶给卖。”（《甘肃通志》）《明史食货志》记述：“神宗万历第十三年（1585 年），中茶易马，惟汉中保宁，而湖南产茶，其直（值）贱，商贾率越境私贩。”由此可见，当时朝廷严禁越四川境私贩湖茶，而湖南黑茶产业已具备一定的规模。

历史上的黑茶，主要从我国内地经茶马古道远销西藏、青海、内蒙古等地区，因此也被叫作边销茶，是边区人民重要的食品，被边民们誉为“生命之饮”，当时有“宁可三日无食，不可一日无茶”之说。近年来黑茶在减肥、降“三高”等方面的突出功效被研究者所发掘，其开始受到内地广大消费者的关注与青睐，产业规模迅速扩大。

经历了漫长的历史发展，根据黑茶产品的特点与加工方法的差异，逐渐产生了各具特色的品种。按照生产地域的不同来源，目前我国主要的黑茶品种可分为湖南黑茶（安化黑茶）、湖北老青茶、四川边茶、广西六堡茶以及云南普洱茶。

第二节　安化黑茶

一、安化黑茶的历史

安化黑茶，因其起源于我国湖南安化县城而得名，安化产茶历史源远流长，素有我国“茶乡”之称，并以量多质好而闻名于世。《安化县志》中记述：“当北宋启疆之初，茶犹力而求诸野山崖水畔，不种自生”，“崖谷间生殖无几，唯茶甲诸州县，不仅茶多，且质优”。自古以来，安化地区的茶农便有制作烟熏茶的习俗，茶叶经过高温火焙，颜色便变得黑褐油润，相对四川茶，安化茶不仅去除了茶叶的粗青气，风味更加醇和，并具有松烟香气，更受西北各少数民族的欢迎。唐代杨烨的《膳夫经手录》中记述，当时安化人所制的渠江薄片，已远销湖北江陵、襄阳一带。宋熙宁六年（1073 年），安化建县后，朝廷在资水北岸建立博易场（茶市），用米、盐、布、帛从茶农手上换取茶叶。五代毛文锡的《茶谱》记载：“渠江薄片，一斤八十枚”，又说“谭邵之间有渠江，中有茶而多毒蛇猛兽，其色如铁，而芳香异常”。凭借优质的原料和历代传承的制茶工艺，安化黑茶自诞生以来便在我国茶史上占据

着重要地位。

明万历二十三年（1595 年），柳史李楠以湖南茶叶行销西北妨碍茶法马政为由，请求朝廷禁运，另一部史徐侨则上奏称："汉川茶少而值高，湖南茶多而值下。湖茶之行（销），无妨汉中，汉茶味甘而薄，湖茶味苦，于酥酪为宜"，认为该举措对西北游牧民族有利，不宜禁止。后经户部裁定，奏皇帝批准，自后销西北的引茶，以汉川茶为主，湖南茶为辅。至此，安化黑茶终于被正式确定为官茶。17 世纪前期，汉川茶主要销往康藏一带，西北边销茶则逐渐被安化黑茶所取代。

由于安化茶叶交易的逐渐繁荣，晋、陕、甘、鄂、湘等省籍商贾，各成一行帮，到安化购买和加工黑茶。资金丰富的晋、陕、甘茶商，还在安化建有商业楼阁，并设立了行帮组织。在资江沿岸各地，均有因发展黑茶贸易而人丁兴旺的市井，如黄沙坪、溪州、苞芷园、小淹、边江、唐家观、雅雀坪、东坪、桥口等地，品质则以高家溪和马家溪最为著名。明嘉靖时期，资江流域又产生了商埠重镇东坪和金沙坪，它们同乔口和金沙坪对岸的溪州县一起，构成茶马古道在南部的主要起点。至清乾隆年间，安化黑茶产销量更是达到了全省黑茶总量的十分之七，而当今在故宫仅存的清代安化千两茶则成了无价之宝。

中华人民共和国成立初期，是安化黑茶的快速发展期，在多方技术人员的不断努力下，安化黑茶的现代制作工艺体系逐渐成型并稳定，这进一步夯实了产品品质。2009 年，安化黑茶被遴选为国家地理标志保护产品，安化也入选为世界纪录协会最早的黑茶生产地。安化黑茶在国际市场上的关注度也与日俱增，并受到了广大都市消费者的青睐。目前，湖南黑茶产地已从安化扩展至桃江、沅江、汉寿、张家界、宁乡等地区。从芙蓉山仙茶到四保贡茶，从御定官茶到牧民口粮，安化黑茶的历史地位长久不衰。黑茶深厚的文化背景与良好的保健功效，吸引着无数学者与喜茶人士的眼球，黑茶文化更是深入千家万户。

二、安化黑茶的特色

安化黑茶，是指选用安化境内云台山种茶树的鲜叶，通过杀青、揉捻、渥堆、干燥等特殊工艺加工成黑毛茶，并以其为主要原料精制而成的带有特殊香气的黑茶系列产品（包括天尖、贡尖、生尖、茯砖、花砖、黑砖、花卷等）。此外，以在安化山区特殊生态环境条件下生长的、质量接近于云台山种的其他茶树鲜叶为主要原料，并根据安化黑茶传统加工工艺初制和精制而成的，与原产地产品质量接近的茶产品，也可称作安化黑茶。

安化黑茶的总体品质特点为：干茶颜色乌黑油润、汤色橙黄、香气纯正，有的还略带特殊的松烟香气；滋味醇和而微涩；耐冲泡。

安化黑茶具有三种独特性：地理生态环境的独特性；加工工艺的独特性；独特的“发花”工序（茯砖茶及新型黑茶）。

安化黑茶品类繁多，按照生产工艺的不同，主要可分为三尖、三砖、花卷、新型黑茶，具体如表 1-1 所示。

表 1-1　安化黑茶的代表性品类及特点

	类别	主要特点	下属品种
安化黑茶	三尖（湘尖）	均为散茶，采用竹箅（用竹子制作的有空隙的板状器具）、竹篓包装	天尖、贡尖、生尖
	三砖	经过高温气蒸、手工或机械压制而成，外形为砖形的黑茶	茯砖、花砖、黑砖
	花卷	以蓼叶、棕片、竹篾篓包裹，由手工揉压卷制而成	万两茶、千两茶、百两茶、六十两茶、十六两茶、十两茶
	新型黑茶	采用现代食品工艺，满足当代消费者不同需求的新工艺黑茶	袋泡黑茶、金币黑茶、金花散茶、速溶黑茶、罐装黑茶饮料等

三、传统安化黑茶品种及起源

（一）安化黑茶——茯砖

茯砖是安化黑茶中较具代表性的品种，其产量居安化黑茶各大品系之首。与其他黑茶相比，茯砖使用了独特的“发花”工序，即控制适宜的条件使金花菌在茶叶中大量生长。发花工序使茶叶的品质与保健功效得到了进一步提升。茯砖茶深得我国西北区域广大消费者的喜爱，古有“茯茶驼队十里外，茶香已入牧人家”的说法。

茯砖茶的诞生时期，大约为公元 1368 年（明洪武元年），当时的茶商购买南方色黄叶粗的毛茶，用篾篓踩制成 90 kg 重的大包，再运到陕西泾阳压制成砖，也被称作“泾阳砖”。此外，因为当时生产多在三伏天进行，故另被称为“伏茶”；又因其药效和香气近似中药土茯苓，“茯砖”之名也因此而来。

早期因为气候、技艺传承等方面的问题，茯砖茶只能在泾阳筑制，而其他地区的试制均宣告失败。中华人民共和国成立后，为避免原料的二次运输、降低生产成本，政府决定将茯砖茶的生产中心迁至湖南。经过技术人员、茶人等的不断探索与试验，1953 年，中国茶叶集团安化砖茶总厂（现白沙溪茶厂有限公司）成功制成了第一批茯砖茶，结束了茯砖茶不能在其原料产地加工的历史，茯砖茶终于回到了它的故乡——安化。

（二）安化黑茶——花砖

花砖茶名字的由来，一是其工艺溯源于传统花卷茶，二是其砖体四周印有花边，以区别于其他砖茶。旧时，圆柱状的花卷茶可以绑在驴马背上进行驮运，但在销售和食用时，则需要将柱状的花卷茶锯为小片，既不方便，也易导致茶叶损耗，而且花卷茶的筑造过程难度较大、费时较长。为了满足消费者的需求，1958 年，中国茶业公司安化砖茶厂（现白沙溪茶厂有限公司）通过反复试制，在花卷的传统工艺基础上研制出了花砖茶。花砖外形虽与花卷差别较大，但品质却较为接近，得到了消费者的广泛认可和好评。

（三）安化黑茶——黑砖

黑砖砖体压制紧实，颜色黝黑发亮，故而得名。黑砖最早起源于抗战时期，早期湖南的茶叶都是以“引包”的形式运输到泾阳等地进行二次加工，抗战导致物质运输困难，体积庞大的引茶受运输条件的影响而大为减少，这引起了民国政府的重视。为减少边销茶体积，1939 年 5 月，湖南省物资贸易局派人员赴安化江南镇，仿照湖北羊楼洞青砖茶的压制方法，用木制压机压制样砖数片，这标志着湖南开始独立生产黑茶。1940 年开始，制茶厂使用手摇螺旋压砖机批量生产黑砖，有效地改善了抗战时期西北茶荒，黑砖的工艺就此传承了下来。

（四）安化黑茶——三尖

三尖（另称湘尖）包括天尖、贡尖、生尖，为湖南黑茶的上品，选用谷雨时节鲜叶进行渥堆加工制作而成，清道光年间（1825 年左右），天尖、贡尖以其优异的品质以及特有的松烟香气，深得宫廷青睐，被献给皇帝当贡品。天尖、贡尖和生尖的加工工序基本相同，主要差异是所使用原料的嫩度不同，而三尖茶则都使用了竹箅（用竹子制作的有空隙板状器具）、竹篓包装，这是我国现存最古老的茶叶包装方式。

（五）安化黑茶——花卷

花卷茶有万两茶、五千两茶、千两茶、百两茶、十两茶等不同规格，其制作工艺历史悠久，始创于清道光年间的湖南安化江南镇一带。当时的茶商为了减小茶叶包装体积，降低运输难度，将重约一百两（旧制）的黑毛茶踩压成圆柱形的“百两茶”，以便捆在骡马背上运回陕西。清同治年间，茶人又在百两茶的基础上将质量提高至一千两（旧制），所以又有“道光百两，同治千两”之说。

花卷茶这一名称的“花”是指毛茶原料带有花白茶梗，且外包装材料为用竹条编成的花格篾篓，外形纹路酷似一朵花苞；“卷”是指该茶叶的制作过程是在反复的踩压与翻滚过程中逐渐成型的。

花卷茶中的千两茶，素有“世界茶王”的美称。

四、茶引制度

茶引制是旧时的一种茶叶专卖制度，茶引票指茶商缴纳茶税后，由官厅下发的特殊运销执照。茶引上通常记载运销数量以及地点，准予茶商按茶引上的规定从事茶叶贸易，类似现代的购货凭证和纳税凭证，同时也具有专卖凭证的性质，茶引制度是我国古代茶叶制度的一次重大变革。

茶引制始于宋代，当时关于茶引制的记载较多，如李心传的《建炎以来朝野杂记甲集·财赋一·江茶》：“政和初，蔡京欲尽笼天下钱实中都，乃创茶引法，即汴京置都茶场，印卖茶引，许商人赴官算请，就园户市茶，赴所在合同场秤发，岁收息钱四百馀万缗。”《宋史·赵开传》：“参酌政和二年东京都茶务所创条约，印给茶引，使茶商执引与茶户自相贸易。”《二刻拍案惊奇》卷八：“宋时禁茶榷税，但是茶商纳了官银，方关茶引，认引不认人，有此茶引，可以到处贩卖。”说明茶引制度在当时已较为完善。

元、明、清三代仍沿用茶引制，对边关茶叶贸易制订了相关制度进行管理，这证实了统治阶级对边关茶叶贸易的重视，也体现了茶叶贸易在当时的经济活动中所扮演的重要地位。茶引见图 1–1。

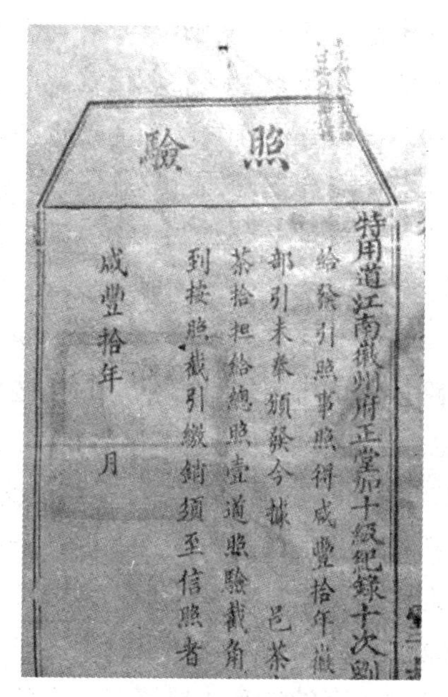

照驗

特用道江南徽州府正堂加十級紀錄十次劉

給發引照事照得咸豐拾年徽

部引未奉頒發今據　　　　邑茶

茶拾担給總照壹道照驗截角

到接照截引繳銷須至信照者

咸豐拾年

月

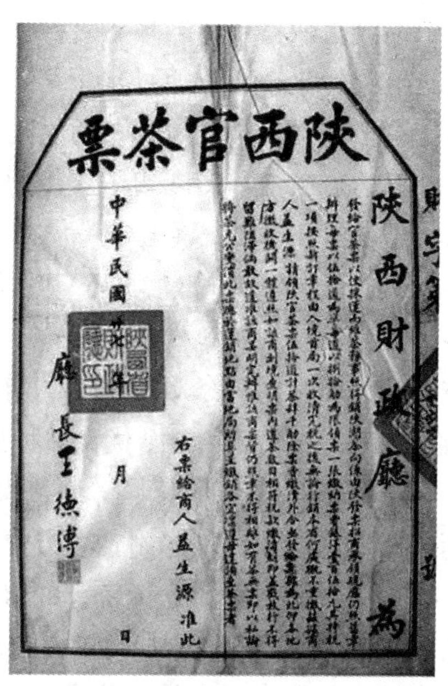

陝西官茶票

陝西財政廳　為

右票給商人益生源　准此

中華民國

月

日

廳長王德溥

图 1–1　清朝茶引（左）和民国茶引（右）

五、安化茶马古道

茶马古道泛指曾经出现于我国西南部等区域，以马帮为主要运输形式的传统贸易通道，是西南地区少数民族间经贸文化交流的重要廊道。茶马古道源自古代西南地区边陲的茶马互市，兴于唐宋，盛于明清，在二战中后期尤为盛行。茶马古道的历史线路大致有三条：陕甘线、滇藏线和川藏线，将陕、甘、宁、湘、滇、青、蒙、川、藏等区域连接到了一起，它是我国古代西南部的交通主动脉，对边区社会经济的发展与民族融合起到了重要的历史作用，逐渐成为与古代东方丝绸之路并驾齐驱的著名商道。2013 年 3 月 5 日，茶马古道被国务院列为第七批全国重点文物保护单位。

湖南境内的茶马古道遗址主要分布于安化县，由于黑茶产销的兴起，商人们为便于购买和运输茶叶，在安化县各地集资建造了茶马专道。千百年来，穿梭在古驿道上的辛勤马帮，在风餐露宿的艰难行程中，日复一日、年复一年，开辟了一条条通往边陲的经贸之路。这些道路翻山越岭，多以青石板铺

就，沿途建有风雨廊桥、茶亭、拴马柱等供歇息之用，常常绵延数百里而不绝。借助资水横贯全境的地利之便，茶商在安化山区收购茶叶后，沿茶马专道驮运至江边集镇，再通过水运销往外地。据专家考证，古代安化黑茶的运销线路是经资江运往洞庭湖，再转运湖北沙市，经襄樊、老河口至泾阳、晋阳、祁县，然后销往西北边陲。因此，安化茶马古道也就形成了与其他地区茶马古道截然不同的“船舱马背式”的独有特色。执着、坚韧的安化人凭着茶马精神，蹚汹涌咆哮的河流，爬巍峨的雪峰，迎风雨侵袭，战天寒地冻，克服空气稀薄，在崎岖蜿蜒的山道上，长途跋涉将黑茶运到边疆。安化茶马古道是经济贸易的一条艰险卓绝的道路，通过这条古道古梅山文化被传播到了祖国各地，安化黑茶这个优良品种也由此走出了山门。

马帮和茶马古道凝聚了物流与人流，茶马古道途经的许多水陆交汇点，逐渐自然形成了集镇、驿站，以方便马帮和过往商贾行人买卖商品、住宿休息。高城、江南古镇、永锡桥、洞市老街、唐家观、新化圳上、白溪、隆回滩头、宝庆这些老市镇，便是随“茶马古道”诞生、发展而来的。时至今日，安化县境内仍留存了大量的茶马古道遗迹，有的仅剩小段路基，有的绵延数里，其中，保存较为完整的有黄花林场腰子界一段、江南至洞市黄花溪一段、陈王次庄至山口一段、洞市老街一段、永锡桥一段等。茶马古道风景区内，保存了最为完整的一段茶马古道，由山下联环村至高城村绵延几公里的青石板路，由于未进行旅游开发前没有公路，这里依然靠马匹作为主要的交通运输工具，当地人一直对茶马古道多有维护，这条道路才完好地保留了下来。每逢山下市集圩日，山里人用马匹驮着木材、山货、茶叶等去山下的市集换取生活物资，成群结队，蔚为壮观。在川岩景区内，现今仍保留了安泰廊桥、永济茶亭旧址、川岩茶叶禁碑等茶马古道遗存，仿佛在遥忆着那一片历史的风景。

如今，在一千多年前古人开创的茶马古道上，成群结队的马帮身影不见了，清脆悠扬的驼铃声远去了，远古飘来的茶香也消散了。然而，尚有百年历史的茶行、茶亭、茶书、茶盅、驿站、茶具、茶歌、茶谣、茶俗存在于民间。留印在茶马古道上的先人足迹和马蹄烙印，以及对远古千丝万缕的记忆，幻化成华夏子孙一种崇高的民族创业精神。这种生生不息的拼搏奋斗精神将在中华民族的发展历史上雕铸成一座座永恒的丰碑，闪烁着中华民族的荣耀与光辉。

图 1–2 为安化茶马古道。

图 1–2　安化茶马古道

第二章　影响安化黑茶品质的因素

第一节　黑茶品质与内含成分的关系

黑茶的质量深受茶树种类、气候、种植条件、加工工艺、贮藏方法等因素的影响，质量优良的黑茶通常都是由品质较好的黑毛茶原料加工而成，而优质的黑毛茶与鲜叶来源是紧密关联的。研究表明，黑茶质量形成的物质基础便是茶叶中的内含成分，主要包括茶多酚、氨基酸、咖啡碱、芳香物质等。

目前，人们已经发现并确认了黑茶中的500余种物质，其中大多数均为有机物，尤其是构成茶香的微量成分更是复杂而多元，这些香气各异的有机物来源与加工过程中的品质变化有着密不可分的联系，它们之间相互依存、相互影响。这些化学成分之间的协同以及促进作用，是构成黑茶特殊品质的基础。

一、黑茶香气与内含成分的关系

茶叶香气是由特性不同、浓度差异悬殊的多种化合物混合所产生的。茶叶中的芳香物质经适当方式提炼后，又称为精油。

目前已被鉴别出的茶叶芳香化合物大约有400余种，其中构成鲜叶的芳香化合物种类相对较少，约50余种，而绿茶等大约有100余种；红茶、黑茶等则有约300余种。根据香气特性分类，茶叶香气的类型以及相关成分可分成十大类别，如表 1–2 所示。

表 1–2　茶香气与化学成分的关系

香气类型	主要香气成分
嫩芽幼叶的清香	顺 –3– 己烯醇及其酯类
清淡爽快的铃兰香	芳樟醇
温和谐润的蔷薇香	2– 苯乙醇、香叶醇
甘甜浓厚的茉莉香	β – 紫罗酮类、顺 – 茉莉酮、茉莉酮酸甲酯
果实及干果类香气	茉莉内酯及其他内酯类、紫罗酮类
木香	橙花叔醇等倍半萜烯类、4– 乙烯基苯酚
青苦沉闷的气味	吲哚类等
焦糖香及烘炒香	吡嗪类、吡咯类以及呋喃类化合物
青草和粗青气味	正己醛、异戊醇、顺 –3– 己烯醛等
陈茶香	反 –2– 顺 –4– 庚二烯醛、1– 戊烯 –3– 醇等

此外，茶叶香型也随茶树的生长类型、生态环境、种植和加工条件及其最终形成的成品茶类型而不同。茶叶的不同香型，是人的嗅觉器官对不同香气成分的综合反应与协调感受。一些单独存在时会产生刺激性、不愉快味道的化学物质，但若含量低并和其他香气物质协调作用后，也可能会转变为人们喜爱的茶香气味。

安化黑茶属长时间发酵的紧压茶，这类茶具有典型的陈茶香气。萜烯醇类和发酵降解产物构成了其香气的基础。这些萜烯醇类主要是芳樟醇及其氧化产物、2– 萜品烯、橙花叔醇等；而发酵产物主要为脂肪醛类、脂肪醇类和酚醚化合物；此外还有 1,2– 二甲氧基苯、1,2– 二甲基 –4– 甲基苯和 1,2,3– 三甲氧基苯等化合物。

二、黑茶滋味与内含成分的关系

茶叶滋味是人的味觉器官对茶叶中呈味物质的综合反应。良好的风味来自多种呈味物质的协调作用，当某些成分含量过多或过少时，呈味成分的协调性就会被破坏，从而使茶汤产生不愉快的滋味。

茶汤中的呈味物质主要包括糖类、氨基酸、茶多酚及其氧化物，以及嘌呤碱、有机酸、茶皂素等。茶多酚中的儿茶素及其氧化产物占据极其重要的地位，是茶汤涩味的主要来源；呈苦味的物质有嘌呤碱、花青素等分子较大的物质；氨基酸则是茶汤鲜味的主要来源；呈甜味的物质有可溶性糖类和小分子的氨基酸（如甘氨酸）；呈酸味的物质主要是有机酸和部分氨基酸（如谷氨酸、天冬氨酸等二元氨基酸及其酰胺化合物）。

儿茶素、茶黄素和咖啡碱络合物对黑茶茶汤滋味影响较大，是黑茶“浓、强、鲜”的根源。“鲜”主要归功于氨基酸、儿茶素、茶黄素、咖啡碱络合物的作用；“浓”主要是由于茶汤中可溶性物质含量高，即水浸出物多，果胶素虽然不是呈味成分，但它含量高时，也能带来一种味浓感；“强”主要是儿茶素及其氧化产物达到一定含量后，给人带来的愉悦与刺激的味觉。茶汤的滋味与化学成分的关系如表 1–3 所示。

表 1–3　茶汤滋味与化学成分的关系

滋味类型	呈味成分	备注
鲜爽	茶氨酸、谷氨酸、天冬氨酸、茶黄素、茶黄素咖啡碱络合物	茶汤主要滋味
甜	糖、甘氨酸、丙氨酸、丝氨酸、茶红素	茶汤辅助滋味
涩	简单儿茶素、酯型儿茶素	茶汤主要滋味
苦	咖啡碱、花青素、（缩）酚酸	茶汤主要滋味
酸	维生素 C、没食子酸	茶汤辅助滋味
辛辣	茶皂素	茶汤辅助滋味

三、黑茶色泽与内含成分的关系

色泽是茶叶的重要品质特征之一。绿茶的颜色特征以翠绿、青绿、黑绿为主，茶汤则绿艳、黄绿，透明悦目。红茶的颜色特征是干茶乌黑至棕褐，茶汤为橙红至红艳。青茶的颜色特征是干茶沙绿油润，并带有鲜活的光泽感，茶汤为橙黄明亮。白茶的颜色特征是干茶呈银白色，叶面为灰绿色，叶背披满白毫，茶汤呈杏黄色，清澈明亮。而黑茶的颜色特征则是乌黑油润，主要是茶多酚氧化物与氨基酸结合形成的黑色成分所致，茶汤则为黄褐或橙黄。

安化黑茶在加工过程中，尤其是在渥堆过程中，茶叶的内含成分发生了一系列复杂变化，在酶、微生物和湿热作用下，茶多酚氧化生成茶黄素、茶红素以及茶褐素，三种成分保持一定的含量和比例，从而形成其独特的品质风格。茶色泽与其化学成分的关系如表 1–4 所示。

表 1–4 茶色泽与化学成分的关系

颜色类型	主要呈色成分	备注
嫩绿、翠绿	叶绿素 a、叶绿素 b	绿茶干茶和叶底
黄色、黄褐色	叶黄素、胡萝卜素	绿茶茶汤
金黄、橙黄至橙红	茶黄素、茶红素	红茶茶汤
紫色、花青	脱镁叶绿素、花青素	红茶叶底和绿茶叶底
乌润、灰褐	茶褐素及其络合物	黑茶

第二节 影响黑茶品质的外界因素

同样产自安化云台山种的茶树鲜叶，经不同的茶人之手制成不同的黑茶产品，便展现出千变万化的色、香、味特征。不但茯砖、花砖、黑砖、花卷、三尖品质迥然不同，而且新茶与陈茶、春茶与秋茶之间都有着巨大的品质差异。那么，究竟是什么原因导致用同样品种茶树鲜叶制成的黑茶出现如此大的差异呢？根据茶人们的总结，影响这些差异的因素主要包括采摘季节、园区土壤、海拔以及栽培技术。

一、采摘时期对茶叶的影响

茶树新芽生长发育的周期性以及天气条件对茶树代谢的影响，使得不同采摘时期对茶叶的质量影响较大。在我国西南、华南、江南、江北四大茶区，茶叶的采摘制作均有明显的季节性规律，如江北茶区茶叶采摘制作期多为五月上旬至九月下旬；而江南茶区茶叶采摘期为三月下旬至十月中旬；西南茶区茶叶采摘期一般为一月下旬至十二月上旬；而华南茶区位于热带，四季并不太分明，终年均可收获鲜叶。除按采摘季节可划分为春茶、夏茶和秋茶之外，还可按茶树新梢生长先后、采制迟早，划分为头梢茶、二梢茶、三梢茶、四梢茶。总体而言，采摘日期是由南向北逐步推迟，南北的时间差可达 3 ～ 4 个月。此外，就是在同一个茶区，甚至同一片茶场不同年份间，也可能会因为天气、管理等因素而相差 5 ～ 20 d 不等。

安化地区在地理上属江南茶区，根据采摘时期的差异，可将鲜叶分为春茶、夏茶和秋茶，三季茶的大致采摘时期与叶片差异相关性如表 1–5 所示。

表 1–5　安化茶鲜叶原料的采摘时期及叶片特征

	春茶	夏茶	秋茶
节气	清明至小满	小满至小暑	小暑至寒露
时间	5 月底之前	6 月初至 7 月上旬	7 月中旬之后
鲜叶特点	芽叶肥硕，色泽翠绿，叶质柔软，白毫显露	芽叶生长迅速，叶片轻飘宽大，嫩梗瘦长，对夹叶多，紫色芽叶增加，色泽不一，叶脉较粗，叶缘锯齿明显	叶底柔软，叶片大小不一，对夹叶较多，叶底发脆，叶色发黄
其他特征	间或夹杂绿豆大小的茶树幼果	夹杂如豌豆大小的茶树幼果	茶果直径超过 0.6 cm，夹杂干茶树花蕾或花朵

从内含成分上来看，春、夏、秋三季茶的差异比较显著，这和茶树的生长周期及生理代谢是紧密相关的，茶鲜叶主要成分随季节变化情况如下。

糖类：糖类是茶树体内最基本的贮藏物质，其积累和损耗都与季节变换有关。新梢萌发初期糖的含量逐渐降低，到新梢成熟时再开始积累，不断循环；而到了第二年春梢萌发时，茶树内的糖浓度又达到高峰。

茶多酚：茶多酚在新梢萌发时期大量产生，在嫩芽中儿茶素含量通常为 10%～20%，在老叶中含量则较低，通常为 5%～8%。儿茶素含量也与季节变化有关，一般在夏季为最高，而在春、秋季则较低。

氨基酸：茶叶中含有20余种氨基酸，其中以茶氨酸为主，约占全部氨基酸总数的40%～60%。其浓度随季节变化而改变，通常春茶中的氨基酸含量为最高，秋茶次之，夏茶最低。

天然色素：花青素在茶汤中呈苦味，其含量一般为夏、秋茶高于春茶，而夏茶常见的紫芽叶则是花青素含量较高所致。此外，无论是春茶还是夏茶，其叶绿素含量均随着叶片成长而增多。

果胶：果胶类物质一般以春茶为最高，可达4.12%；夏茶次之，为2.76%；秋茶最低，为2.55%。

一般情况下，春季温度适中，雨水丰富，加之茶树经历了秋冬季较长时间的休养生息，使得春茶不仅叶片肥壮、叶质柔嫩，同时活性成分也更加丰富，因而用春茶所制作的产品滋味更加鲜爽，保健作用也更加突出。此外，春茶时期一般并无病虫害，因此无须施用杀虫剂，所以茶叶所受污染相对较小，是加工天尖、贡尖等的适宜原料。夏茶则是黑茶用量较大的一个季节原料茶，这个时间段茶叶已基本成熟，内含物比较丰富，适合用来加工各种黑茶。秋茶则老化程度较高，叶片也比较大而厚实，纤维素含量高，用其制成的产品香气较为平和，更加适宜长期储藏陈化。

二、土壤对茶叶品质的影响

不同的土质种类、土壤酸碱度、土壤水分含量、土壤肥力、土壤质地与构造、土层厚薄程度等，均会对茶树生长发育与茶叶质量造成一定程度的影响。

土壤酸碱度对茶树生长和茶叶质量的影响较大。茶树生长发育最为适宜的pH是5.0～6.0，若pH低于4或超过6.5时，就会影响叶片中叶绿素、茶多酚、儿茶素、氨基酸等物质的合成。此外，土壤pH为5.0～6.0时，有利于茶树对大部分矿质元素（如锰、钙、钼、硼）的吸收。

三、海拔高度对茶叶品质的影响

古往今来，我国历代贡茶、传统名茶，以及当代最新研发的名茶，其原料大多来自山地。明代陈襄诗曰："雾芽吸尽香龙脂"，说高山茶的质量之所以好，是因为在云雾中吸取了"龙脂"的原因。所以，我国的很多名茶，都是用山名或云雾加以命名的。如江西的庐山云雾茶、浙江的华顶云雾茶、湖北的熊洞云雾茶、安徽的高峰云雾茶、江苏的花果山云雾茶、湖南的南岳云雾茶等等。

山地之所以能产出好茶，主要因为其良好的生态环境。据考究，茶树的原产地在我国西南多雨潮湿的原始森林中，茶树经过漫长的历史演化，逐步形成了喜温、爱湿、耐阴的习性。山区诸多有利条件正好适应茶树对生长环境的要求，主要体现在以下三个方面。

（1）茶树生长发育在山地多云雾的环境中，首先，光照受到云雾的影响，使红黄光得到了一定程度的增强，因而使茶树芽叶中的氨基酸、叶绿素和含水量都得到大幅度的提升。其次，由于山地林木繁茂，茶树所受的光照时间较短，强度低，漫射光线较多，这些都促进了茶树中含氮化合物的合成，如氨基酸、叶绿素等有机物的含量显著上升。最后，由于山地有葱郁的林木、茫茫的云海，空气质量和土地的持水率都较为优质，进而使茶树芽叶光合作用所产生的糖类化合物缩合较为困难，纤维素不易形成，茶树新梢可在较长时期内保持鲜嫩而不粗老。在这样的山地环境下，茶叶的色泽、香气、滋味、嫩度很容易提高。

（2）高山植被繁茂，枯枝落叶多，地面形成了一层厚厚的覆盖物，这样不但使得土壤质地疏松、结构良好，而且土壤有机质含量丰富，茶树所需的各种营养成分齐全。从生长在这种土壤的茶树上采摘下来的新梢，活性成分含量非常丰富，以此加工而成的茶叶，自然是香高味浓。

（3）高山的气温对改善茶叶内质十分有利。一般海拔每升高 100 m，气温就会降低约 0.5 ℃，而温度又决定着茶树中酶的活性，进而影响其中一系列物质的代谢速率。现代研究表明，茶树新梢中茶多酚和儿茶素的含量随着海拔的升高和气温的降低而逐渐减少，从而使茶叶的涩味减轻；而茶叶中氨基酸和芳香物质的含量却随海拔升高和气温的降低而增多，这就为茶叶的鲜爽甘醇滋味提供了物质基础。茶叶中多种多样的芳香物质在制作过程中可发生复杂的化学变化，产生丰富的芬芳香气，如苯乙醇能形成玫瑰香、茉莉酮能形成茉莉香、沉香醇能形成玉兰香、苯丙醇能形成水仙香等。许多高山茶之所以具有一些特殊的香气，其原因就在于此。

由此可见，高山出好茶，乃是高山的气候与土壤综合作用的结果。除此之外，只要气候温和、雨量充沛、云雾较多、土壤肥沃、土质良好，具备了高山生态环境的地区，同样能产出品质优良的鲜叶原料。

当然任何事物都是有一定限度的，所谓高山出好茶，也只是与平地相比而言。并非山越高，茶就越好。对几个主要的高山名茶产地的研究表明，这些茶山基本集中在海拔 200 ～ 600 m 之间。当海拔超过 800 m 时，气温往往会阻碍茶树的生长，且易受白星病（由茶叶叶点霉感染导致）的危害，用这种茶树新梢制出来的茶叶，饮起来发涩，口感较差。

四、栽培对茶叶品质的影响

茶树内的化学成分不仅受品种遗传特性的控制，而且受环境条件和栽培技术的影响。选用适宜的茶树良种，采用合理的栽培技术措施，使茶树与环境协调一致，存利除弊，才可生产出品质良好的茶叶。

要获得高产优质的鲜茶原料，可采用各种行之有效的施肥方法。例如，氮、磷、钾肥对茶树骨架的形成十分重要，施用复合肥后，茶多酚、氨基酸、咖啡碱和水浸出物的含量比单施磷酸铵肥料更高。但肥料的使用不可过多，如氮肥施用过多，茶多酚含量会减少，而鲜叶含氮量和氨基酸含量则会过高。所以必须将氮、磷、钾三者合理配合施用，才能获得最理想的效果。

第三章　鲜叶、毛茶

第一节　茶树及其生境

安化黑茶以安化当地所栽培的茶树品种“云台山种”鲜叶为主要原料，它是中叶类茶树有性群体品种之一，其中也有部分大叶类型，以原产地云台山居多，因此，又有“云台山大叶种”之称。

“云台山种”通常为灌木型（少数为乔木型），植株较高，树姿为半开展，分枝密度中等，树高 1.5 ～ 2 m，树幅 2 m，分枝较稀，枝条粗壮，叶片稍上斜或水平状着生。芽叶肥大，叶长 8 ～ 10 cm，叶宽 3 ～ 4.5 cm，叶片有长椭圆、椭圆或卵圆等多种形状，其中以椭圆形居多，叶脉 8 对左右，大多数叶片平展，叶肉肥厚，叶面隆起，叶质较柔软；叶色绿或黄绿，富光泽，叶尖渐尖，茸毛中等。

安化“云台山种”茶树及其生长环境如图 1–3 所示。

“云台山种”的芽叶生发力较强，持嫩性也较强。春茶萌芽期约在三月下旬，一芽二、三叶的盛期则在四月中旬，产量较高，每平方千米可达 22.5 t 左右。

图 1-3 安化“云台山种”茶树及其生长环境

安化茶树卓越的质量不仅来自其茶树良种，而且离不开它独特的生长地理环境。安化县地处湘中偏北，雪峰山区北段，资水中游处，属亚热带季风气候，四季分明，雨量充沛，严寒期较短。境内山脉逶迤，山区面积约占全境的 82%，丘、岗、平原布局零散，山地落差较大，溪谷星罗棋布，水体密集程度高。这些高山坡地经人工开垦后可大量栽植茶树。此外，安化山地气候特点显著，全年平均气温为 16.2 ～ 17.6℃，无霜期 275 d，总日照量 1 335.8 h，这样的气候条件给茶树创造了最适宜的生长发育环境，茶树全年的生长期可持续 7 个多月。

此外，安化也属于湖南的多雨地区之一，年均降雨量可达 1 700 mm 以上。在充沛的降水下，茶树叶片纤维不易形成，使得原料能在较长时间内保持鲜嫩而不粗老；充沛的降雨、较大的空气湿度还可促使茶树中的氮代谢，使鲜叶中的氨基酸浓度增加，从而有助于茶叶保持嫩度和滋味。

安化表层土壤 70%以上为板页岩风化而成，且多为林地。苍场、木榴等地还保留着原始森林，其地表上覆盖了一层厚厚的腐殖质。茶场土壤较好，多为红黑色土壤，以酸性和弱酸性为主，pH 约为 4.5 ～ 6.0，含有磷、钾等有机质以及各种矿质营养元素，养分含量非常高。

优良的茶树品种、得天独厚的生态环境，为安化黑茶的优良品质提供了原料保障。

第二节　鲜叶的采摘

除优良的原料之外，采摘技艺也是影响茶叶产品质量的关键因素，鲜叶采摘的技艺不但关乎着茶叶的品质，还关乎着茶树的生长寿命，茶人们称之为“三分靠采摘，七分在加工”，由此可看出，对鲜叶采摘的适宜管理是非常关键的。

一、鲜叶规格

茶树的鲜叶规格有茶芽、一芽一叶、一芽二叶、一芽三叶、一芽四叶、一芽五叶，根据叶片展开程度的不同，可以分为一芽一叶初展、一芽二叶初展、一芽三叶初展。

二、安化黑茶对鲜叶的需求

除部分茶品对原料有着特殊要求以外，安化黑毛茶对鲜叶的选择一般分成四级档次：一级黑毛茶以一芽三、四叶居多；二级黑毛茶以一芽四、五叶居多；三级黑毛茶以一芽五、六叶居多；四级黑毛茶则以对夹叶居多。一芽一、二叶因嫩度较高，一般不适宜作为制作安化黑茶的原料，但经特殊工艺发酵处理后，也可以制成品质类似天尖的特级黑茶。除叶片外，粗细适度的茶梗也被用于压制砖茶的辅助原料。

三、鲜叶采摘的时间

采茶要注意时间和季节，不能误了采茶的最佳时机。茶的采摘时间一般是依照二十四节气进行的，茶叶命名也大多和季节相关。

（1）春茶：由于春季气温适中，雨水丰富，此时采摘的茶芽肥硕，颜色青绿，各类营养成分含量充足。春茶按照时令又可分为明前茶、雨前茶、头春茶、二春茶、三春茶。

（2）夏茶：夏季气温高，茶树新芽生长迅速，容易老化，茶叶中的营养物质含量较春茶低，且茶的滋味和香气稍逊。第一次夏茶采摘时间通常在5月下旬至6月下旬，第二次采摘时间在7月上旬至8月中旬。

（3）秋茶：秋季降雨不足，茶树新芽内的营养物质含量有所降低，滋味、香气较为平和。第一次秋茶采摘时间在8月下旬至9月中旬；第二次采摘时期在9月下旬至10月下旬，这个时期采摘的秋茶也被称作白露。

（4）冬茶：冬茶的新芽生长缓慢，滋味较醇厚，一般在每年的11月下旬至12月上旬采摘，尤以立冬前后采摘的茶叶品质为佳。

安化云台山种茶树鲜叶采摘期相对较晚，通常在5月中旬首次采摘，7月中旬采摘第二次，9月下旬至10月上旬采摘第三次。

四、鲜叶采摘的要点

采茶操作的技术性较强，陆羽曾在《茶经·三之造》中专门说明："茶之笋者，竿烂石沃土，长四五寸，若薇蕨始抽，凌露采焉"，其大意为肥壮如笋的茶叶生长在有碎石的肥沃土壤中，其新梢长到了四五寸，犹如刚抽芽的薇蕨，可于有露水的清晨采摘；"茶之芽者，发于丛薄之上，有三枝、四枝、五枝者，选其中枝颖拔者采焉"，其大意为生长发育在花草丛中的茶树，有的萌生三枝、四枝、五枝等，应选择长势挺拔者采之；"其日有雨不采，晴有云不采，晴采之"，这句话则告知茶人，在下雨天或虽晴但有云雾之时，是不能采茶的；采茶工作需要在晴朗无云的天气下完成。除此以外，陆羽还对生长在不同环境中茶树的采摘时机及要求做了较为详细的规定。

按采茶方式的不同，又可分为手工采茶和机械采茶。

（一）手工采茶

手工采茶（图1-4）是传统的茶叶采摘方法，其最大优点是标准统一、容易控制。缺点是效率低、成本高，且难以做到及时采摘。目前名优茶类的采摘，由于其采摘标准高，仍采用手工采茶。手工采摘的方法主要包括以下几种：

掐采：又称折采，一般采摘细嫩部分时用此手法；

提手采：这是标准的采摘手法，大部分红绿茶区用此法；

双手采：这种手法的采茶效率较高，但仅适用于那些具有理想树冠、采摘面平整、发芽整齐的茶树；

割采法：用镰刀、小柴刀割采。

图 1-4　手工采茶

（二）机械采茶

机械采茶（图 1-5）是一种效率较高的鲜叶收获方式，只要技艺娴熟，且施肥管理工作跟上，则机器采茶对茶树成长、茶树产量、品质等并无负面影响，同时还可以降低采茶劳动力，从而节约生产成本。近年来，采茶机的推广也越来越得到了茶农们的重视，目前在安化茶园应用较多的是双人式采茶机。

机械采茶的时候，应尽量采用干净透气的容器贮放，且不能装得过多过厚，避免挤压破坏其色、味和完整度。采摘结束后应尽快将鲜叶摊晾开，以减少水分蒸发，促进香气转化，提高茶叶品质。

图 1-5　机械采茶

第三节　黑毛茶制作工艺

考虑到运输以及贮藏成本，绝大部分黑茶企业都会采购黑毛茶作为生产原料，从收获鲜叶原料加工至黑毛茶的全过程，又被称为“毛茶初制”。毛茶初制过程通常在产地的企业或农户作坊内完成，鲜叶采摘后直接进入初制工序。

毛茶初制的基本流程：鲜叶摊放→杀青→初揉→渥堆→复揉→干燥→筛分。在加工过程中，应当严格遵循企业标准或地方标准，并按照鲜叶种类、分级情况，选择适当的加工工艺，以保证质量稳定。

一、鲜叶摊放

鲜叶采收后应合理贮青，贮青时鲜叶堆放厚度不宜超过 30 cm，贮青设备应清洁、干燥，鲜叶不能直接与地面接触。加工特级、一级黑毛茶时，鲜叶摊放厚度约 10 cm，摊放时间约为 4 ～ 6 h；加工二级、三级黑毛茶时，鲜叶摊放厚度约 20 cm，摊放时间约为 2 ～ 4 h；加工四级和四级以下黑毛茶或加工立夏以后的黑毛茶时，鲜叶可不经摊放直接进行杀青。

二、杀青

（一）洒水灌浆

除雨水叶、露水叶和幼嫩芽叶外，其他鲜叶通常要求按鲜叶质量的约10% 进行“洒水灌浆”（即 10 kg 鲜叶加 1 kg 清水）。洒水量须按照鲜叶老嫩程度、采摘季节灵活控制。要求边洒水边翻拌鲜叶，使叶面、叶背受水均匀，以水沾叶片不往下滴为宜。

（二）手工杀青

常见杀青锅口径约 80 ～ 90 cm，每锅投叶量 4 ～ 5 kg，锅温控制在

280 ～ 320 ℃。待茶叶软绵且带黏性、叶色转暗绿、青草气消除、香气显出、嫩茎不易折断，杀青最为适宜。

（三）机械杀青

采用滚筒杀青机杀青，当锅内温度达到 280 ～ 320 ℃时即投入鲜叶，依鲜叶的老嫩、水分含量的高低调节投叶量，以保证杀青的最优化。

三、初揉

要求趁热揉捻，叶片杀青后即装入揉筒进行初揉，投叶量视揉桶直径大小而定。加工特级、一级原料时，初揉投叶量为揉桶的 3/4；加工二、三、四级原料时可适当增加投叶量。加压遵循“轻→重→轻”的原则，采用“轻压、短时、慢揉”的方式进行。揉捻时间为 15 min 左右，待幼叶成条，粗老叶大多呈褶皱状，小部分呈“泥鳅条”状，茶汁少量渗出时即可停止，对叶肉细胞破坏率控制在 15% ～ 30% 较为适宜。

四、渥堆

渥堆应在背窗、洁净的蔑垫上进行，并避免阳光直射，室温应控制在 25 ℃以上，室内应有加温措施或设发酵室。空气相对湿度保持在 85% 左右。特级、一级、二级原料初揉后解散团块，堆在垫上，厚度为 15 ～ 25 cm，适当筑紧，上面加盖覆盖物，以保温保湿，在渥堆过程中视堆温变化情况，适时进行 1 ～ 2 次翻堆。三、四级原料初揉后茶坯不经解块立即堆积起来，适当筑紧，堆高约 1 m 左右，加盖覆盖物，一般不翻动，但堆温超过 45 ℃时须进行翻堆，防止茶叶渥坏。渥堆时间春季 12 ～ 18 h，夏、秋季 8 ～ 12 h，气温较低时需采取升温措施。当茶坯表面出现水珠，叶片颜色由暗绿变为黄褐，带有酒糟气或酸辣气味，手伸入茶堆感觉发热，茶团黏性变小，一打即散，即为渥堆适度。

五、复揉

适度渥堆后的茶坯经解块后，上机复揉，压力较初揉稍小，特级、一级、二级原料以茶叶条索紧卷为度，三级原料以“泥鳅条”状茶叶为度，四级以叶片成折叠状为度，复揉时间约 6 ～ 8 min 后即可下机解块。

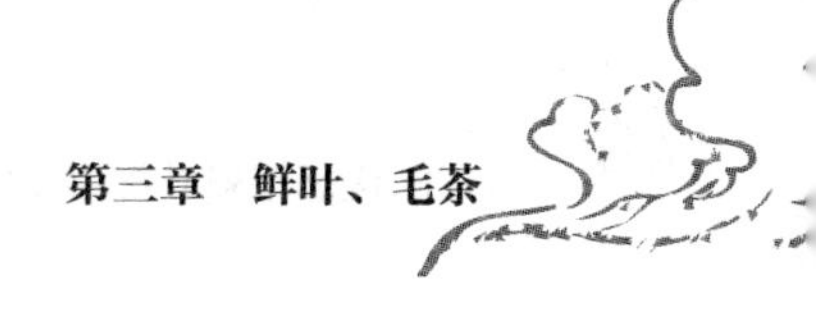

六、干燥

安化黑毛茶干燥有七星灶干燥、自动烘干机干燥、焙笼干燥等方式。

（一）七星灶烘焙干燥

传统黑毛茶加工采用七星灶分层累加湿坯，长时间一次性干燥。七星灶由灶身、火门、七星孔、匀温坡、焙床 5 部分组成，烘焙前在灶口处燃烧松柴，松柴采取横架方式，并保持火力均匀，借风力使火温均匀地透入七星孔内，通过匀温坡使火温均匀地扩散到灶面熔帘上。当焙帘温度达到 70 ℃以上时，撒上第一层茶坯，厚度约 2 ～ 3 cm，待第一层茶坯烘至六到七成干时，再撒第二层，厚度稍薄，这样一层层地加到 5 ～ 7 层，总厚度不超过焙框的高度。待最上层的茶坯达七八成干时，即退火翻焙。翻焙用特制铁叉，将已干的底层茶翻到上面，将尚未干的上层翻至下面。继续升火烘焙，待上中下各层茶叶干燥适度，即茶梗易折断，手捏茶叶可成粉末，干茶色泽油黑，松烟香扑鼻时即下焙。烘焙总时长为 3 ～ 4 h。干毛茶下焙后，置于晒簟上摊晾至室温，最后及时装袋入库。

（二）烘干机干燥

目前采用较多的方法还有烘干机干燥法，其处理量较大且不受气候条件限制，根据设备吞吐量、茶叶嫩度等情况，调节温度至 130 ～ 180 ℃进行烘干，以茶梗易折断，手捏茶叶可成粉末为最佳程度。

（三）焙笼烘干

当使用少量特别细嫩的鲜叶原料加工特级黑毛茶时，采用木炭火和焙笼低火烘干。

七、筛分

干燥后的黑毛茶采用筛分机进一步筛选，分级后即为成品黑毛茶，黑毛茶可用于加工不同种类的黑茶，亦可在适宜环境下长期贮存。

第四节　黑毛茶的特点

安化黑茶　黑毛茶地方标准（DB43/T 659—2011）将加工完成的黑毛茶分为特级、一级、二级、三级、四级、五级、六级共七个等级。每级设一个标准实物样，共包含七个标准实物样。标准实物样为产品质量的最低界限，由安化县茶叶行政主管部门组织有关专家制定，每三年更换一次。不同级别的安化黑毛茶感官品质要求、理化指标如表1–6、表1–7所示。

表1–6　不同等级安化黑毛茶感官品质要求

等级	外形	内质			
		香气	滋味	汤色	叶底
特级	谷雨前后一芽二叶鲜叶为主，有嫩茎，条索紧直有锋苗，有毫，色泽乌黑油润	清香或带松烟香	浓醇回甘	橙红明净	嫩黄绿
一级	谷雨后或四月下旬一芽二、三叶鲜叶为主，带嫩茎，条索紧结有锋苗，色泽乌黑油润	清香尚浓或有松烟香	浓厚	橙红明亮	嫩匀柔软
二级	立夏前后或五月上旬一芽三叶鲜叶为主，带嫩梗，条索粗壮肥实，色泽黑褐尚润	纯正	纯厚	橙黄明亮	肥厚完整
三级	三、四叶鲜叶为主，有嫩梗，带红梗，外形呈泥鳅条状，色泽黑褐尚润带竹青色	纯正	纯和	橙黄较亮	肥厚完整
四级	小满前后或五月下旬五叶鲜叶为主，带红梗，外形部分呈泥鳅条状，色泽黑褐	纯正	平和	黄尚亮	摊张
五级	五、六叶鲜叶为主，红梗，稍带麻梗，条索折皱叶、黄叶，色泽黄褐略花杂	平正	粗淡	淡黄稍暗	摊张
六级	芒种后加工对夹叶为主，同等嫩度的鲜叶，麻梗黄，外形折叠叶为主，色泽黄褐	平正	粗淡	淡黄稍暗	摊张

表 1-7　不同等级安化黑毛茶理化指标

项目	特级	一级	二级	三级	四级	五级	六级
水分（%）≤	9.0	10.0	12.0	12.0	12.0	12.0	12.0
含梗量（%）≤	3.0	8.0	10.0	12.0	15.0	17.0	18.0
碎末（%）≤	5.0	4.0	4.0	4.0	4.0	4.0	4.0
总灰分（%）≤	7.5	8.0	8.0	8.0	8.0	8.0	8.0
水浸出物（%）≥	26.0	24.0	22.0	22.0	22.0	22.0	22.0
非茶类夹杂物（%）≤	0.3	0.3	0.5	0.5	0.5	0.5	0.5

注：碎末含量指 18 目筛底的碎末茶含量。水浸出物系参考指标，不作为判定依据。

以上标准对黑毛茶划分较为精细，不同地区所产茶叶品质本身有一定差别，加上筛分器械精密度的限制，在实际生产执行时有一定操作难度。目前行业内使用较多的还是传统的五级十六等划分法，在实际应用时则只划分到某个品级，而不需要精确到下属具体等次，这样就降低了茶叶分级的难度。五级十六等划分标准具体如表 1-8 所示。

表 1-8　传统安化黑毛茶五级十六等划分标准

等级	叶片特征
特级（特等）	叶质细嫩，条索卷曲圆直，色泽黑润
一级（1 ~ 3 等）	条索紧卷、圆直，叶质较嫩，色泽黑润
二级（4 ~ 6 等）	条索尚紧，色泽黑褐尚润
三级（7 ~ 11 等）	条索欠紧，呈泥鳅条状，色泽纯净，黑褐略带竹青色或柳青色
四级（12 ~ 16 等）	宽大粗老，条索松扁有皱纹，呈黄褐色

第四章　茯砖茶

第一节　茯砖茶制作工艺

茯砖茶制作过程主要包括筛分拼配、气蒸渥堆、加茶汁、高温气蒸、压制定型、退匣修砖、发花干燥、包装成品等工艺。其压制工艺与黑、花二砖基本一致，主要有两个区别，第一个区别是茯砖茶结构紧实度不及黑、花二砖，这是为确保茯砖茶发花良好，要求砖块结构松紧适宜以促进金花菌繁殖；第二个区别是在压制之后，茯砖并不追求快速干燥，而是送至烘房缓慢发花，整个烘期比黑、花砖长一倍以上。茯砖茶的具体制作工艺如下。

一、筛分拼配

根据国标 GB/T 9833.3—2022（紧压茶　茯砖茶）对茯砖茶的质量要求，加工生产前必须科学合理选用原料并均匀拼配。

茯砖茶按品质不同可分为特制茯砖和普通茯砖两种。其中，特制茯砖主要以三级黑毛茶为原料；普通茯砖中三级黑毛茶占 40%～45%，四级黑毛茶占 5%～10%，其他茶占 50%。

原料选配前应进行水分、茶梗、杂质、水浸出物测试，并进行感官审评，根据检验结果结合产地、季节、原料有效时间进行科学配比，以保证产品各项质量指标符合国标 GB/T 9833.3—2022（紧压茶 茯砖茶）、GB 2762—2022

（食品中污染物限量）、GB 2763—2021（食品中农药最大残留限量）的要求。

二、气蒸渥堆

气蒸渥堆是茯砖加工过程中的一个重要工序，也常被称为茯砖的“第一次发酵”。茶叶通过高温高压蒸汽蒸软，堆积成一定高度的茶堆，经过一定时间发酵，茶叶内含物质不断转化，初步形成茯砖茶特有的色泽、香气，并为有益微生物的繁殖创造适宜的条件。

在渥堆工艺中，茶叶堆积高度不超过 2 m，含水量控制在 13% ～ 15%，茶堆核心温度达到 70 ～ 80 ℃后维持 1 ～ 2 h，渥堆过程中应至少翻堆一次。渥堆适度的标准为茶叶粗青气消失，色泽由黄绿转变为黄褐或黑褐，汤色橙黄明亮，滋味醇和。

三、加茶汁

加茶汁，俗称“加浆”，可提供发花所需的水分以及提高砖坯黏结度。具体操作为：在茶叶中加入一定比例的茶汁并混匀，使压制之后的砖坯中含水量达到 23% ～ 26%，茶汁一般为茶梗所熬出的汤汁，也可用洁净的水替代。

四、高温气蒸

茶叶和茶汁混匀后，通过高压蒸汽（0.3 MPa ～ 0.35 MPa）气蒸 5 ～ 6 s，以软化茶叶纤维，便于压制成型，也可杀灭茶叶中的有害微生物。

五、压制定型

称取一定质量气蒸好的茶叶，放入砖匣中，盖上盖板，通过液压机压至一定厚度，用铁条固定住盖板，将整个砖匣一起放置摊晾冷却（室温较高时应采用降温设备），使砖坯核心温度由刚压制时的 70 ～ 80 ℃降低至 40 ～ 50 ℃左右，冷却时间不应超过 2 h。

六、退匣、修砖

待砖匣冷却至 40 ～ 50 ℃左右趁热退砖，退出的茶砖由茶砖车运送至修砖台进行修整，修砖时，将砖棱角边外溢的茶沿正面方向整齐削去，以使砖坯棱角分明，外形美观。

七、发花干燥

制备好的砖坯由人工码放在烘房内进行发花，砖坯之间距离不低于 1.5 cm。发花是茯砖茶加工过程中的特殊工艺，也被称为茯砖茶的“第二次发酵”，通过发花使微生物在砖内形成一种金黄色的颗粒，业界称之为“金花菌”。适宜的温、湿度是茯砖茶发花成功的关键所在，温度宜控制在 26 ～ 32 ℃，相对湿度则控制在 70% ～ 85%。在发花的后期，适当提高烘房温度并降低湿度，以促使茯砖茶缓慢干燥，整个发花、干燥期一般为 11 ～ 25 d。

八、包装成品

发花完毕后，应随机抽取烘房茯砖，检验其质量、含水率、金花菌生长情况等，符合 GB/T 32719.5—2018 规定的茯砖茶标准时，才可将其移出烘房进行包装。应采用透气性好、无毒、无异味的材料对茶砖进行包装。

九、手筑茯砖

手筑茯砖是茯砖茶的一种，因在压制成型的过程中，采用人力筑制代替机器压制，故而得名。因为压砖模具的不同设计，手筑茯砖通常比机制茯砖尺寸稍大，价位一般也较同级别原料机压茯砖更高。手筑茯砖具有一般茯砖茶的品质特征与保健功效，但因纯手工制作的缘故，更容易受到喜茶人士的追捧和青睐。

手筑茯砖茶制作工艺和机压茯砖茶工艺接近，都具有筛分拼配、气蒸渥堆、加茶汁、高温气蒸、压制定型、退匣修砖、发花干燥、包装成品等工序。与机压茯砖将毛茶放入模具一次压制成型不同，手筑茯砖是将韧性较强的透气牛皮纸粘贴好后垫在模具内部，放入少量气蒸后的黑毛茶，工人用木槌锤击茶叶使其紧实，再逐步加入茶叶，重复锤击步骤，直到整块砖茶筑造完毕，将牛皮纸封口，在模具中继续放置，直到冷却定型后方可取出，最后同外部牛皮纸包装一起进入烘房进行发花工序，手筑茯砖茶砖坯紧实程度一般低于机压茯砖茶。

第二节　茯砖茶的特点

茯砖茶最主要的特点是内部含有大量“金花菌”这一益生菌，撬开砖体后，可见断面处金花生长茂盛，颗粒饱满，颜色金黄，干嗅有特殊菌花香且无霉味。此外，成品茯砖茶要求形状整齐，棱角分明，厚薄均匀；汤色红黄尚明，茶香及菌花香纯正，叶底黑褐尚匀；滋味醇厚，回甘感强，无苦味及粗涩味，经多次冲泡后，茯砖茶汤色泽逐渐变淡，但回甘感依然存在。

第五章 黑砖茶、花砖茶

1940年，湖南安化地区开始大批量生产黑砖茶，产品分为天字砖、地字砖、人字砖、和字砖四个等级，同年8月5日，中国茶叶公司与湖南茶业管理处茶厂签订了第一个中国黑砖茶的出口协议。负责人彭先泽先生对安化黑砖茶的产品研发发挥着关键性的作用，其在任时期撰写了《安化黑茶砖》一书，将安化黑砖茶的原材料、品质特色、工艺流程和产茶地域等详尽地记载了下来。

安化花砖茶与黑砖茶的诞生相差18年，从其历史背景来看，可知花砖茶由花卷茶演变进化而来。1958年，为提高产量和优化市场供应，也为响应当时党中央的号召，力求进一步提高生产机械化程度，减少员工劳动强度，安化茶厂对花卷茶工艺进行了重大改进，使花卷茶的工艺、产品品质和黑砖茶的压制工艺紧密地结合，形成了花砖茶这一独特的产品。

第一节 黑砖茶、花砖茶制作工艺

黑砖茶与花砖茶的制作工艺较为相似，都是通过筛分拼配、高温气蒸、压制定型、退匣修砖、烘房干燥、包装成品等工序制成的，二者不同之处一是使用原料上的区别，传统黑砖洒面茶为二级或三级上等黑毛茶，包心为三、四级黑毛茶；花砖则以三级黑毛茶为主要原料，拼入部分二级黑毛茶（注：随现代黑茶多元化发展，该标准已较少使用）；此外，在砖体造型上，黑砖表面平滑均匀，而花砖表面四边压印斜条花纹。黑砖茶、花砖茶具体制作工艺如下。

一、筛分拼配

根据 GB/T 9833.1—2022（紧压茶　花砖茶）、GB/T 9833.2—2022（紧压茶　黑砖茶）对花砖茶、黑砖茶的要求，加工前必须合理选用原料、均衡拼配。对原料进行筛分，去除杂质并均匀品质，拼配前应进行水分、灰分、含梗量、水浸出物的测试并进行感官审评。根据检测结果并结合原料的产地、季节、原料存放时间进行科学拼配，以保证产品各项质量指标符合 GB/T 9833.1—2022（紧压茶 花砖茶）、GB/T 9833.2—2022（紧压茶 黑砖茶）、GB2762—2022（食品中污染物限量）、GB2763—2021（食品中农药最大残留限量）中的要求。

二、高温气蒸

利用高压蒸汽使茶叶软化，增强茶叶的可塑性与黏结性，以便压制定型。蒸汽压力选择 0.25 MPa ～ 0.35 MPa，蒸茶时间 6 ～ 10 s，气蒸后的茶叶含水量为 17%左右，手握茶叶可自然成团，松手不会散开。

三、压制定型

称取一定量气蒸好的茶叶，放入砖匣中，盖上盖板，通过液压机压至一定厚度，再用铁条固定住盖板。花砖茶、黑砖茶的压制过程与茯砖茶基本一致，不同之处在于黑砖茶、花砖茶砖坯的紧实程度要高于茯砖茶。

四、退匣修砖

经过约 120 min 的自然冷却后，砖坯降温至 40 ～ 50 ℃，此时应趁热退匣，退出的茶砖由茶砖车运送至修砖台进行修整，修砖时，将砖棱角边外溢的茶沿正面方向整齐削去，以使砖坯棱角分明，外形美观。

五、烘房干燥

制备好的砖坯由人工码放在烘房内干燥，砖坯之间距离不低于 1.5 cm，烘房温度要先低后高，并均衡升温，同时注意排湿。烘房初始温度约 38 ℃，前 1 ～ 3 d 内按每 8 h 加温 1 ℃，4 ～ 6 d 内按每 8 h 加温 2 ℃，此后按每 8 h 加温 3 ℃为标准，并将烘房内最高温度控制在 75 ℃以内，烘干时间一般为 8 d 左右。待砖坯含水量低于 13%时即可停止加温，烘房温度降至室外气温时，即可将茶砖移出烘房进行包装。

六、包装成品

干燥完毕后，应随机抽取烘房茶砖，检验其质量、含水量等，符合 GB/T 9833.1—2022（紧压茶 花砖茶）、GB/T 9833.2—2022（紧压茶 黑砖茶）规定的花砖茶、黑砖茶标准时，才可出烘房进行包装。产品应采用透气性好、无毒、无异味的材料进行包装。

第二节 黑砖茶、花砖茶的特点

一、黑砖茶的特点

黑砖茶因其成品颜色乌黑油润，形状如砖而得名，如图 1-6 所示。黑砖茶要求砖面平整匀称、花纹清晰、棱角分明、厚薄一致、色泽黑褐，无灰霉、白霉、青霉等杂菌。其气味要求香气纯正或带松烟香，汤色为橙黄或橙红色，滋味醇和。

为满足城市消费者，黑砖茶商已开发了多种不同类型的便捷包装，且制造工序也更加精细，更便于冲泡饮用。黑砖茶因其砖体结构紧实，在室内放置不易受潮或霉变，贮藏多年后不会变味，且越陈越好。

黑砖茶按品质特征，可分为特制黑砖、普通黑砖两种品级。特制黑砖是指选用一、二级安化黑毛茶为原料压制而成的产品；普通黑砖是选用三、四级安化黑毛茶以及级外茶为原料加工压制而成的各种规格产品。

图 1-6 黑砖茶外观

（一）特制黑砖

外形：砖面平整、图案清晰、棱角分明、厚薄一致、色泽黑褐、无杂霉；

汤色：红黄；

香气：纯正或带高火香；

滋味：醇厚、微涩；

叶底：黄褐或带棕褐，叶片完整，带梗。

（二）普通黑砖

外形：与特制黑砖一致；

汤色：橙黄；

香气：纯正或带松烟香；

滋味：醇和、微涩；

叶底：棕褐，叶片匀整，有梗。

二、花砖茶的特点

花砖茶是从花卷茶改造而来的，由于花卷茶的制作耗时较长，生产成本高，劳动强度大，并且外形较为粗壮，零售和饮用时，要用钢锯锯成块状，既不方便也容易浪费，所以便有了花砖茶这一改良品种。花砖茶外形呈长方砖形，仍维持花卷茶特有的品质特征。

花砖茶在造型上呈砖片状，四侧印压有斜条花纹，砖体平整匀称、花纹图案清晰、棱角分明、厚薄统一，如图 1–7 所示。“花砖”名字的由来，除了其是由“花卷”改进而来外，另一个原因则是其砖体表面印有独特的斜条花纹，以区别于其他砖茶。花砖茶的原料基本与花卷茶相同，主要为三级黑毛茶和少量的二级黑毛茶，总含梗量小于 15%。虽然花砖茶与黑砖茶同属紧压型砖茶，但因为生产技术与质量标准有所不同，产品的品质风格也有一定差异。

图 1–7　花砖茶外观

（一）特制花砖

外观：砖面平整、花纹图案清晰、棱角分明、厚薄一致、乌黑油润、无霉菌；

汤色：红黄；

香气：纯正或略带松烟香；

滋味：醇厚微涩；

叶底：黄褐、叶片完整、带梗。

（二）普通花砖

外形：砖面平整、花纹图案清晰、棱角分明、厚薄一致、色泽黑褐、无霉菌；

汤色：橙黄；

香气：纯正；

滋味：醇厚；

叶底：棕褐、有梗。

第六章　花卷茶

第一节　花卷茶制作工艺

花卷茶（图 1–8），初名“百两茶”，以每支花卷茶的净质量为一百两（老称）而得名。后来，又出现了规格更大的“千两茶”，每支茶的净质量为一千两（老称）。目前，市面上较为常见的花卷茶主要包括十两茶（0.36 kg/ 支）、百两茶（3.625 kg/ 支）、千两茶（36.25 kg/ 支）、万两茶（362.5 kg/ 支）等。

图 1–8　花卷茶外观

花卷茶的加工技术性强，做工精细，所有工序基本都要依靠技术娴熟的

茶人手工完成。花卷茶的制作工艺包括筛分拼配、包装制备、蒸包、灌篓、杠压紧形、晾制，其具体工艺如下（以千两茶为例）。

一、筛分拼配

花卷茶原料应进行筛分以去除杂质，并尽量均匀一致。根据 DB43/T 389—2010（安化黑茶 千两茶）对产品的要求，应合理选用原料，均衡拼配。千两茶含梗率应控制在 4%以内。

二、包装制备

花卷茶的包装为纯手工编制，分为三层，最外层是竹篾篓，使用韧性、弹性俱佳的新竹制成；中间层是棕皮，起到防潮和透气的作用；内层包裹茶胎的则是蓼叶。将长期存放竹子、蓼叶的香气融入茶胎中，形成了花卷茶独特的品质。一般将三层包装铺放好，用竹篾片固定成圆筒形的篾篓，如图 1–9 所示。

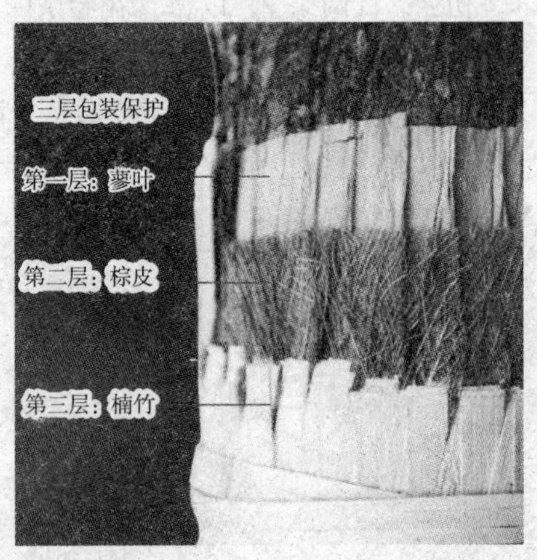

图 1–9　花卷茶包装

三、蒸包

利用高温高压蒸汽将茶叶软化，称取适量茶叶包裹在布内（千两茶为 36.25 kg），放置在蒸茶桶上方，尽量减少茶包与蒸茶桶之间的孔隙，以保证

气蒸均匀。蒸茶时间根据踩制速度灵活控制，通常气蒸时间为 4 min 左右，蒸后茶叶含水率应控制在 20%以内。

四、灌篓

将气蒸好的茶叶迅速装入篾篓内，一边灌入茶叶，一边用棍锤压紧，灌好茶叶后用铁丝锁紧篾篓封口，然后趁热进行踩制。

五、杠压紧形

杠压紧形是将灌好茶的篾篓置于压制场地的特制杠杆下经过不断的滚压以达到成型的目的，一般由一组工人（一般五至六人），他们通常赤膊、短装、绑腿上阵，压制时由五人下压大杠，一人在前面移杠压茶，如图 1–10 所示；收紧篓篾时，由四人用脚踩篓滚压，一人操小杠绞紧篓篾，随着篓内茶叶受压紧缩，篾篓不断缩小。压大杠和绞小杠交替进行，反复数次，将竹箍绞到花卷圆周尺寸符合要求为止，最后由一人手挥木槌锤击千两茶整形，以将其制成长约 165 cm、直径约 20 cm 的圆柱体。

图 1–10　花卷茶的压制

六、晾制

制好的花卷茶置于特制的凉棚内竖放，发酵一个月左右（古为 49 d），方可成品，晾制过程中应翻边两次，倒置一次。其方法是：晾制 3 ～ 5 d 后进行第一次翻边，再晾制 3 ～ 5 d 后倒置，再晾制 5 d 后进行第二次翻边，晾制过程中应尤其注意防潮。花卷茶的晾制如图 1-11 所示。

图 1-11　花卷茶的晾制

第二节　花卷茶的特点

一、花卷茶的加工工艺具有独特性

花卷茶包装和加工是同时完成的，而且包装是它最重要的加工工艺。用篾片捆压，篾片在捆压紧缩的过程中逐渐缩小，最后成为定型的柱状。篾的选择较为考究，需要 6.4 ～ 6.6 m 长的新竹，韧性弹性俱佳方可。花卷茶的茶胎用经过特殊处理的蓼叶包裹，能保持其独特的茶香和色泽。

二、花卷茶踩制工艺是集数百年黑茶加工工艺之大成

花卷茶独特的踩制工艺可以说是数百年来黑茶加工工艺之大成，精制过程更具技术含量，蒸、装、勒、踩、晾制、水分的高低、温湿度的控制，都有着极为严格的要求。此外，用于加工花卷茶的毛茶在七星灶上用松木烘烤，能形成花卷茶独有的高香。

第七章　三尖茶

第一节　三尖茶及其制作工艺

三尖茶指天尖、贡尖和生尖，一般采用谷雨时节的鲜叶加工而成，是安化黑茶的上品。清道光年间（1825 年），天尖和贡尖被列为贡品，专供皇室饮用。“文化大革命”期间的 1972 年，因忌讳产品中的“天、贡”带有封建色彩，其被改名为湘尖一号、湘尖二号、湘尖三号。三尖茶采用篾篓散装，是现存最古老的茶叶包装方式。

天尖（图 1–12）、贡尖与生尖的主要区别在于所用原料的嫩度不同。天尖选用一级黑毛茶为主料，拼入少量二级提升黑毛茶；贡尖以二级黑毛茶为主料，拼入少量一级降档黑毛茶和三级提升黑毛茶；生尖则以三级黑毛茶为主料。在制作工艺上，天尖、贡尖、生尖的工序基本相同，只是贡尖成品较天尖更粗老，同样体积包装下质量比天尖轻，生尖则以此类推。

（a）

（b）

图 1–12　天尖茶

三尖茶的加工技术比其他黑茶简单，主要工序包括筛分拼配、烘焙、气蒸、装篓、晾制，其具体制作工艺如下。

一、筛分拼配

用于加工三尖茶的黑毛茶应进行筛分以去除杂质。根据 DB43/T 571—2021（安化黑茶 湘尖茶）对湘尖茶的要求，原料拼配前应对水分、灰分、含梗量、水浸出物测试并进行感官审评，根据检测结果并结合原料的产地、季节、原料存放时间进行科学拼配，天尖茶、贡尖茶含梗量控制在 5%以内。

二、烘焙

通过烘焙，三尖茶具有独特的色、香、味，传统烘焙在七星灶上进行，如图 1–13 所示。宜用松木作为燃料，可使成品具有独特的松烟香气。在烘焙过程中，茶叶需均匀摊开，烘焙时应逐渐升高温度，最高不超过 150 ℃。当茶叶充分干燥，略微变色时，即可加水补浆，含水量应控制在 12%左右。

图 1–13　七星灶（左：灶台；中：炉膛；右：松柴）

三、气蒸

称取适量的黑毛茶，置蒸汽锅上高温气蒸，每批次茶叶气蒸持续 20 ～ 30 min。

四、装篓

将茶叶摊凉后，装入篾篓压紧，并用篾条捆包定型。在篾包顶上开 3 ～ 5 个小孔，深度不低于 10 cm，孔内插三根丝茅草，用于散热以及排出茶叶内部的水汽。

五、晾制

茶包装篓后运送到洁净的房间内晾制。晾制时，底部应垫上木条，减少茶包接触地面的面积，可促进其水分排出，防止霉变，并缩短晾制时间。通过晾制，茶叶含水量自然降低到14%以下，常规检测合格时，即可入库成品。天尖茶的晾制如图 1–14 所示。

（a）装篓后的茶包

（b）茶包晾制过程

图 1–14　天尖茶的晾制

第二节　三尖茶的特点

三尖外形紧结秀丽，条索匀整纤细，颜色碧中微露黛绿，表面覆盖一层柔软细嫩的白绒毫，茶汤澄清而略带金黄，口感甘润爽滑，有独特的松烟香。

一、天尖

外形：条索紧结扁直，色泽乌黑油润；
汤色：橙黄；
香气：高纯；
滋味：浓厚；
叶底：黄褐夹棕褐，叶片较完整，尚嫩、匀整；

理化指标：水分≤ 14.0%；灰分≤ 7.5%；含梗量≤ 5.0%；非茶类夹杂物≤ 0.5%；水浸出物≥ 23.0%。

二、贡尖

外形：条索紧结扁直，色泽由黑带褐；
汤色：橙红；
香气：尚高；
滋味：醇厚；
叶底：棕褐，叶片较完整；
理化指标：水分≤ 14.0%；灰分≤ 7.5%；含梗量≤ 6.0%；非茶类夹杂物≤ 0.5%；水浸出物≥ 22.0%。

三、生尖

外形：条索粗壮呈泥鳅条状，色泽黑褐；
汤色：橙红；
香气：纯正；
滋味：醇和尚浓；
叶底：黑褐，叶片宽大肥厚；
理化指标：水分≤ 14.0%；灰分≤ 8.0%；含梗量≤ 15.0%；非茶类夹杂物≤ 0.8%；水浸出物≥ 21.0%。

第二篇　安化黑茶的品鉴

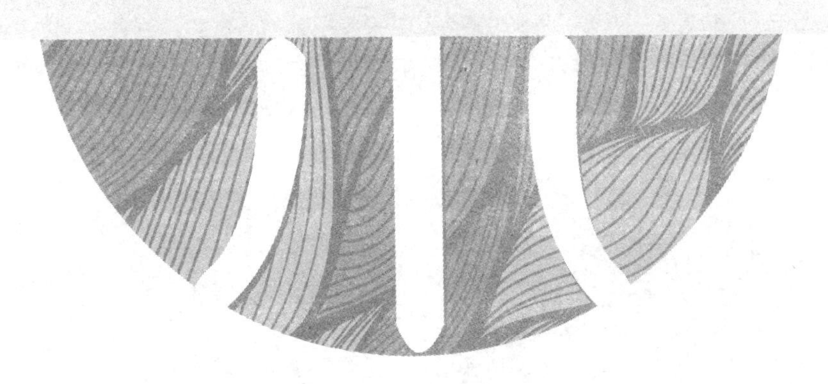

第八章　安化黑茶的品饮

第一节　品茶历史

我国是茶叶的原产地，也是茶的故乡，世界上所有产茶国的茶叶生产技术，都直接或间接来源于我国。关于饮茶的起源，有神农说、商周说、西汉说、三国说等几种说法，目前为止众说纷纭，争议未定。其中最早的一种说法是茶叶的作用为炎帝神农所发现，《茶经》中有“茶茗久服，令人有力悦志”的记载，《神农本草经》也有“神农尝百草，一日遇七十二毒，得荼（茶）而解之”的描述，因此，后世一般也将神农作为中华茶祖，并在各类茶文化活动上对其加以祭拜。

早期的茶叶因依靠野生茶树采摘，产量较少，主要作为药品、祭品存在。秦汉时期，人们开始人工栽培茶树，茶叶生产进入专业化，到了魏晋南北朝时期，饮茶之风渐盛，已普及到平民百姓家庭。唐朝时期，确立了宫廷贡茶制度，将茶定位为宫廷的高级饮品，此外，唐代著名的茶文化家和鉴赏家陆羽，以撰写世界第一部茶叶专著——《茶经》而闻名，《茶经》是首部关于茶叶生产历史、渊源、现状、生产技术、饮茶技艺以及茶道原理的综合性论著，《茶经》的问世使中国茶文化行进到新境界，即由一种习惯、爱好，升华为一种修养，一种文化。到了经济发达的宋代，茶文化开始稳步发展，茶产量大幅度增加，高出唐代数倍，且制茶技术大为提高。宋朝政府首次开设了专营茶叶贸易的机构——茶马司，“以茶制边”。明朝则是茶文化的转折期，茶叶的制作技术仍在升华，人们开始追求茶叶特有的造型、香气和滋味，饮茶主流方法由煮茶变为冲泡，多种饮茶器具应运而生。清朝时期，品茶已成一种不分阶层的社会风气，老舍的《茶馆》第一幕中对形形色色茶客的写照正反映了这一点，清代同时是当时世界上最大的茶叶出口国，所出口的工夫红茶享誉海内外。清朝晚期到民国时期，战争和社会动荡对茶叶产销有着较大的影响，一直到解放后茶叶生产才得以恢复和发展。近年来，我国茶叶产量超过印度重回世界第一，其中以浙江、福建、湖南、四川、安徽五省为最多，茶叶发展的规律与国家的兴衰紧密相关，中国茶史也可以说是一部浩大的历史纪录片。

第二节　品茶器具

除专业审评用具外，还有许多其他类型的日常品茶器具，广义上与饮茶相关的所有器具，包括贮茶、碾茶、煮茶、饮茶和茶艺表演相关的器具都可被称为茶具。我国茶具的种类繁多，造型优美，兼具实用性和鉴赏价值，为历朝历代品茶爱好者所追捧。茶具的使用、保养、鉴赏和收藏，已成为专门的学问被世代传承。

一、茶具及其特点

茶具在我国出现较早，唐代茶学家陆羽在《茶经》中所记载的茶具包括煮茶、饮茶、炙茶和贮茶的器具等共 29 件。紫砂茶具为茶具中的珍品，其最早的使用记载见于北宋。宋代开始出现各种不同风格的瓷器茶具，当时的 5 大名窑，即杭州的官窑、浙江龙泉的哥窑、河南临汝（汝州）的汝窑和河南禹县（钧州）钧窑，以及河北曲阳（定州）的定窑均生产茶具。茶具依其质地不同，可分为陶土茶具（如宜兴紫砂茶具）、瓷器茶具（如景德镇青花瓷茶具）、漆器茶具、玻璃茶具、金属茶具和竹木茶具等 6 大类。

狭义的茶具通常指茶杯、茶盏、茶壶、茶碗和托盘等泡茶、饮茶器具。

二、黑茶常用茶具

饮用黑茶时常用的器具包括随手泡（煮水器）、茶壶、品茗杯、盖碗、公道杯、过滤网、滤网架、茶针、茶刀、茶则、茶夹、茶匙、茶筒、茶巾、茶盘等。

（一）茶盘

茶盘（图 2–1、图 2–2）是盛放茶杯等其他茶具的盘子，以盛接泡茶过程中流出或倒掉的茶水，也可以用于摆放茶杯。

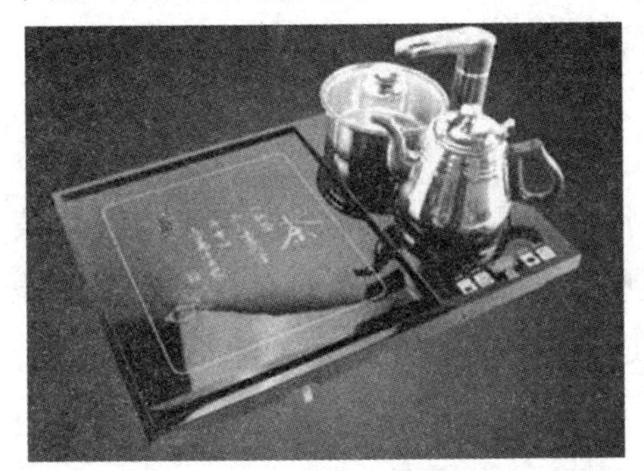

图 2–1　现代电茶盘（左）和玉石茶盘（右）

图 2–2　竹制茶盘（左）和实木茶盘（右）

（二）茶海

茶海（图 2–3）也被称为茶台，是将茶盘与茶桌合为一体，既方便烹茶、品茶，又具有审美价值的独特茶具。

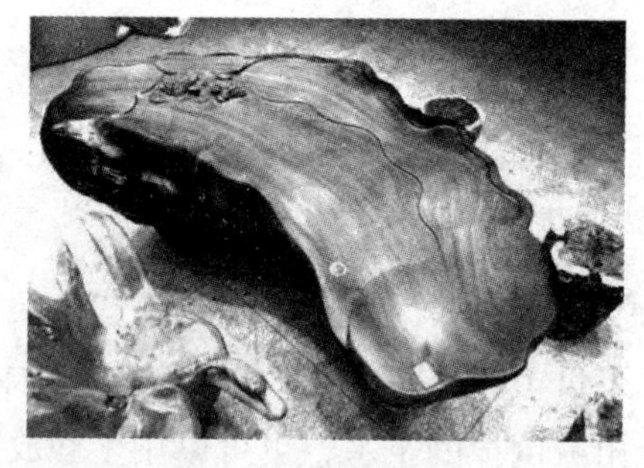

图 2-3　实木茶海（左）和根雕茶海（右）

（三）茶壶

茶壶（图 2-4、图 2-5）是用于烧水的器具，也可以直接用于泡茶，茶壶应具有的条件包括：壶嘴的出水要流畅，不溅水花；茶身宜浅不宜深，壶盖宜紧不宜松；方便置入茶叶，容水量足够；质地能配合所冲泡茶叶的种类，将茶的特色发挥得淋漓尽致。

图 2-4　紫砂茶壶（左）和白瓷茶壶（右）

图 2-5　金属茶壶（左）和玻璃茶壶（右）

（四）公道杯

公道杯（图 2–6）又称茶盏、母杯。待茶壶中的茶汤冲泡完成后，就可将其倒入公道杯中，平均分给客人。它的主要作用还在于使每杯茶的浓度一致，让客人们在品茶时，能够引用味道相差不多的茶水。

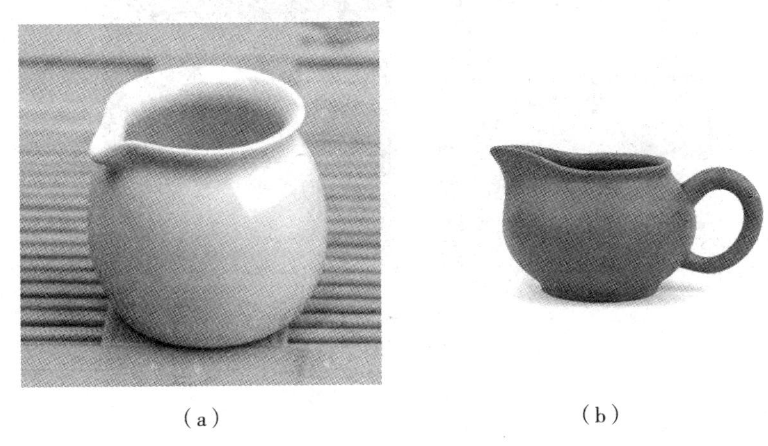

（a）　　　　　　　　　　（b）

图 2–6　不同的公道杯

（五）盖碗

盖碗（图 2–7）又称三才杯。三才者，天、地、人。茶盖在上，谓之“天”；茶托在下，谓之“地”；茶碗居中，谓之“人”。盖碗是我国茶文化天人合一的精髓展示，兼具泡茶、饮茶的功能。

（a）　　　　　　　　　　（b）

图 2–7　不同的盖碗

（六）闻香杯

闻香杯（图 2–8）杯身较为细长、高瘦，以便于茶香气缓慢发散，闻香时先将茶汤倒入闻香杯，再由闻香杯倒入品茗杯，品嗅留在杯底之余香。

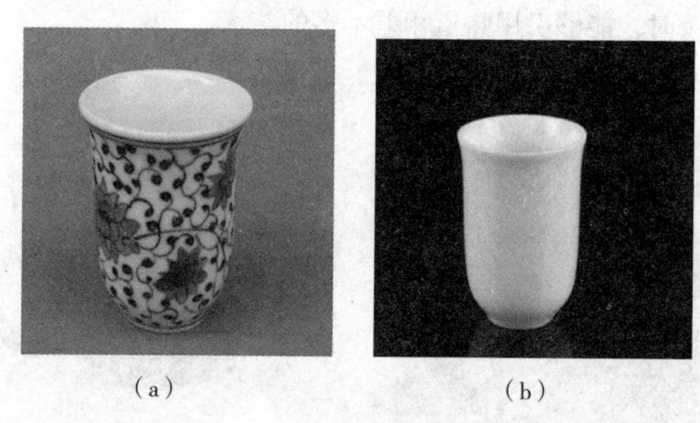

（a）（b）

图 2–8 不同闻香杯

（七）品茗杯

品茗杯（图 2–9）又称茶杯，是用来品饮茶汤的容器。品茗杯的选择有“四字诀”：小、浅、薄、白。“小”则一啜而尽；“浅”则水不留底；“薄”则质薄如纸；“白”则色白如玉，以衬托茶的颜色。

（a）（b）（c）

图 2–9 不同的品茗杯

（八）茶道六君子

茶道六君子（图 2–10）指的是茶筒、茶匙、茶漏、茶勺、茶夹、茶针这六件泡茶的辅助用具。

茶筒：盛放茶艺用品的茶器筒。

茶匙：其主要用途是挖取泡过的茶，壶内茶叶经冲泡后的茶渣往往会变得紧实，加上一般茶壶的口都不大，用手挖出茶叶既不方便也不卫生，故使用茶匙操作。

茶漏：在置茶时放在壶口上，以导茶入壶，防止茶叶掉落壶外。

茶勺：又名茶则，盛茶入壶之用具。

茶夹：茶夹功能与茶匙接近，可将茶渣从壶中取出，也可在洗杯时用它夹着茶杯，防烫又卫生。

茶针：又名茶通，其功能是疏通茶壶的内网，以保持水流畅通，当壶嘴被茶叶堵住时也可用它来疏导，或放入茶叶后将茶叶拨匀，碎茶在底，整茶在上。

图 2-10　茶道六君子

（九）茶刀

茶刀（图 2-11）又名黑茶刀，用来撬取砖茶的专用器具。

（a）

（b）

图 2-11　不同的茶刀

（十）茶巾

茶巾（图 2–12）又名茶布，用来擦拭泡茶过程中残留在茶具上的水渍、茶渍，尤其是茶壶、品茗杯侧面、底部的水渍和茶渍。

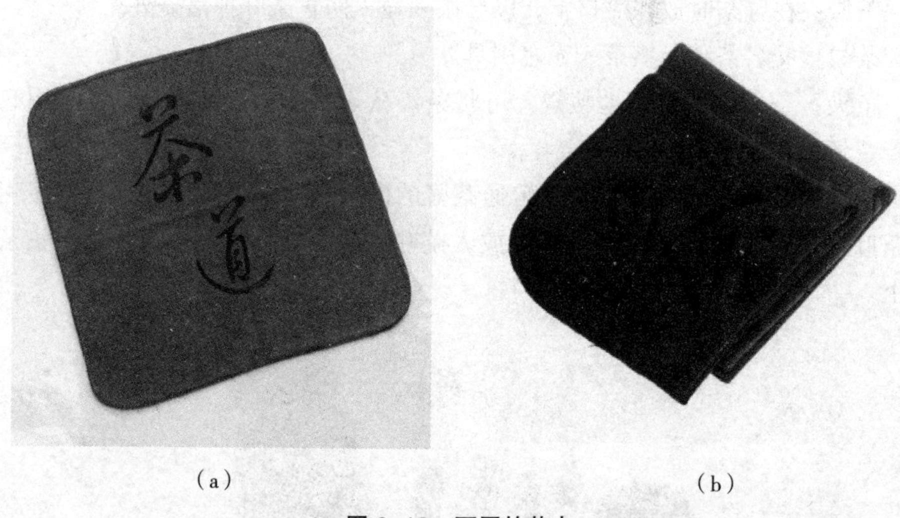

（a）　　（b）

图 2–12　不同的茶巾

（十一）茶荷

茶荷（图 2–13）用于盛放茶叶，以便观赏茶叶外形。

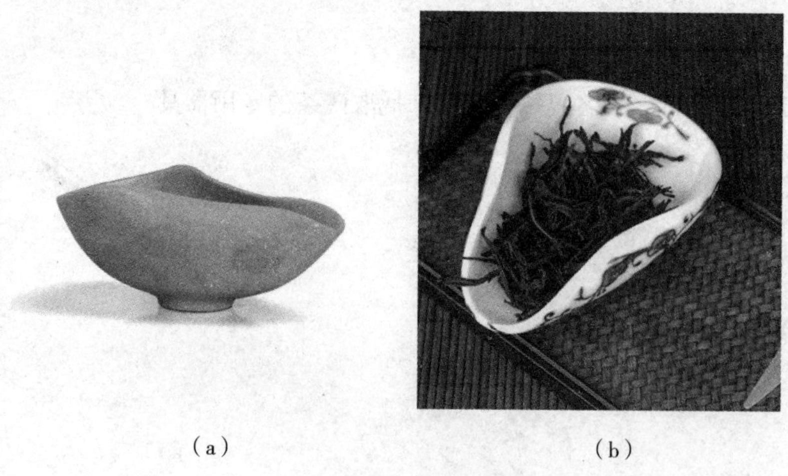

（a）　　（b）

图 2–13　不同的茶荷

（十二）杯托

杯托（图 2-14）用于垫放茶杯，既美观大方，又可防止烫手或烫坏台面。

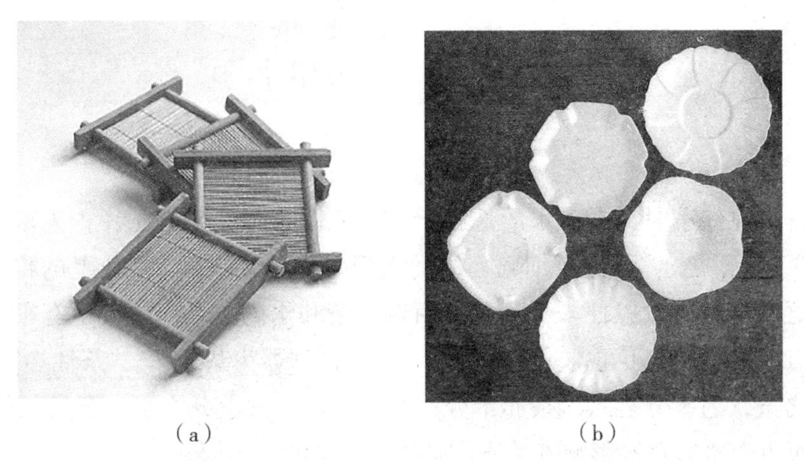

（a）　　　　　　　　　　　　（b）

图 2-14　不同的杯托

（十三）随手泡（煮水器）

黑茶需要用沸水冲泡，而饮水机或大型电茶炉一般只能将水加热至 80 ～ 90 ℃，不宜用来泡黑茶，随手泡（图 2-15）是现代泡茶时常用且便捷的烧水用具，能随时获得沸水，以保证茶汤滋味。

图 2-15　随手泡

第三节 品茶用水

古人在饮茶时，对于水的选择十分讲究。为了泡出好茶，古人取“初雪之水”“朝露之水”“流风细雨之中的无根水”，也有人取梅花上的积雪，以罐储之，深埋地下以便来年烹茶。而对于茶和水的关系，古人也有很多独到的观点，如“无水不可与论茶”“水为茶之母”“器为茶之父”“茶性必发于水，八分之茶，遇十分之水，茶亦十分；八分之水，试十分之茶，茶只八分耳”。由此可见，水质直接影响着茶质，是茶叶品鉴的关键因素。

一、泡茶适宜用水

水之于茶，犹如水之于鱼一样，俗话说“鱼得水活跃，茶得水更有其香、有其色、有其味”，所以自古以来，茶人对煮茶之水津津乐道。一般来说，满足“清、轻、甘、冽、活”这五个标准的水，才称得上泡茶的好水。

清：水质要清。水清无杂、无色、透明、无沉淀物，冲泡时方能最大限度显出茶的本色。

轻：水体要轻。水的密度越大，说明溶解的矿物质越多，对茶汤口感的影响越大。研究表明，当水中的低价态铁化合物过多时，茶汤颜色会明显发暗；当水中的铝含量过高时，茶汤会有明显的苦味；当水中的钙离子过多时，茶汤涩感较重，所以水以轻为佳。

甘：所谓甘，即一入口，舌尖顷刻便会有甘洌的感觉，咽下去后，喉中也有甜爽的回味，用这样的水泡茶自然会增添茶之美味。

冽：冷寒之意。寒冽之水多出于地层深处的泉脉之中，所受的污染少，泡出的茶汤滋味纯正。

活：水源要活。俗话说“流水不腐”，研究表明，在流动的活水中细菌不易繁殖，同时活水经过自然净化，泡出的茶汤尤为鲜爽可口。

二、五种泡茶用水

（一）泉水

陆羽在《茶经》中写道："其水，用山水上，江水中，井水下。其山水，拣乳泉，石池漫流者上。"天然泉水杂质少，透明度高，污染少，水质较好，如图 2–16 所示。但受水源和流经路径的影响，泉水中的含盐量、溶解物、硬度等会有所差别，有的甚至不适宜饮用，如硫黄矿泉水。因此，并非所有泉水都适合泡茶。

图 2–16　泉水

（二）井水

虽然《茶经》认为井水泡茶的品质较差，但也不可一概而论，有些井水水质较好，是泡茶的上等水，如北京故宫文华殿东传心殿内的大庖井，就是当年的宫廷用水，也是皇家饮茶用水的重要来源之一。

一般而言，深层地下水有耐水层的保护，受到的污染较少，水质更为洁净，因而深井的井水要优于浅井的井水。当然，井水（图 2–17）的品质还与当地的地质构造有着较大的关系。

图 2-17　井水

（三）矿物质水

矿物质水（图 2-18）就是添加了人工矿物质的纯净水。如今市面上有很多桶装的矿物质水，这类矿物质水成分因经过人工配比，也大多适宜泡茶，不过在用矿物质水泡茶时，应直接从水桶中取水，而不是通过饮水机取水，以免沾染异味。

图 2-18　矿物质水

（四）纯净水

纯净水（图 2-19）是自来水经过多次过滤后得到的，其中所含的杂质已基本去除。用纯净水泡茶能最大限度减少其他因素的影响，因此能更好地品鉴茶叶的优劣。

图 2-19　纯净水

（五）自来水

自来水（图 2-20）是当今城市人口和部分农村人口的基本饮用水源，因为天然水取用不便或是受到污染，矿泉水和纯净水成本较高，所以很多时候人们选用自来水进行泡茶。

自来水一般都是经过人工净化和消毒处理的江河湖水或地下水，只要达到了国家卫生部制定的饮用水标准，自来水也能用于泡茶。不过，有时自来水中含有较多的氯气，此时可将自来水静置一个晚上，待氯气挥发之后再用于泡茶。

图 2-20　自来水

三、泡茶用水的理化要求

从现代科学的角度来看，泡茶用水的理化特征应符合下列要求：酸碱度

接近中性，即 pH 值为 6.0 ～ 7.0，则泡出的茶汤明亮；硬度应低于 25 度，当大于 25 度时，泡出的茶汤容易形成沉淀而浑浊；重金属和微生物指标必须符合饮用水的卫生标准；此外，水质还应透明度高，无异味。

第四节　冲泡方法

一、品饮技巧

黑茶的冲泡方法较为独特，可以用普通器具冲泡，也可以用专门的煮茶壶煮，不同饮用方法会对茶叶的品鉴有一定影响。冲泡黑茶的时候，不管是散茶还是紧压茶，都要科学地掌握泡茶要素，尤其注意投茶量和冲泡时间。一般而言，冲泡黑茶应注意掌握以下 5 点原则。

（一）茶叶用量的掌握

每种不同外形与品种的茶类，在投茶量上都有所不同。黑茶属于紧压茶类，用量不易控制，一般提前用茶刀将茶砖、茶饼处理成小的茶块，以便按需取茶，具体用量要视冲泡器具的大小和饮茶的人数而定。

（二）冲泡水温的掌握

黑茶的原料较为粗老，在冲泡过程中水温应不低于 90 ℃，一般而言应尽量采用煮沸的水泡茶。若水温较低，茶叶在水中不易散开，色泽与茶香也不易释放出来，导致茶汤色泽浅淡、香气不足。

（三）茶水比例

茶与水的比例不同，茶汤香气和滋味浓淡也就不一样。一般认为，在冲泡绿茶、红茶及花茶时，茶水比例可为 1 ∶ 60 ～ 1 ∶ 50。而冲泡黑茶时，因茶叶原料较为粗老，煮茶法才能最大限度提取茶叶中香气滋味成分，在煮茶时茶水的比例应为 1 ∶ 80；若用冲泡法，如不能完全浸出茶叶中内含物，茶水比应为 1 ∶ 50。

（四）冲泡时间的掌握

不同黑茶内含成分的浸出时间差异较大，在冲泡黑茶的时候应根据茶叶量和个人口感来掌握，一般情况下陈年安化砖茶、花卷的冲泡时间大约为 2 min，而天尖、贡尖则只需要 30 s 至 1 min。冲泡时间过短则茶汤滋味偏淡、香气不足；冲泡时间过长则茶汤过浓、滋味偏苦。

（五）饮茶的环境

饮茶的适宜环境应是“幽静、清爽、畅快、随意”，明朝的陆树声在他的《茶寮记》中，就特别推荐了十二种饮茶的理想环境，列为“凉台、静室、明窗、曲江、僧寮、道院、松风、竹月、晏坐、行吟、清谈、把卷”。一般而言，饮茶最适宜的环境为窗明几净、装修简素、空气清新、格调高雅、气氛温馨，以迎合饮茶者的审美。

二、安化黑茶冲泡方法——盖碗法

黑茶的盖碗冲泡有一套严格的步骤，这些步骤是古人不断摸索实践后得来的，具有深厚的文化底蕴。常见的黑茶盖碗冲泡步骤包括孔雀开屏、温杯洁具、黑妹入宫、洗净沧桑、行云流水、玉液移壶、普降甘露、敬奉香茗等。

（一）孔雀开屏（赏具）

展示泡茶所用的各种茶具。

（二）温杯洁具

用开水烫盖碗和品茗杯，以此来提高器皿的温度，便于茶的香气更好地发散出来。

（三）黑妹入宫（投茶）

将茶叶投入盖碗中。

（四）洗净沧桑（洗茶）

注意洗茶时要将水快速倒出，避免茶叶中的风味物质过多流失，洗茶同时也是在“唤醒”茶叶。

（五）行云流水（冲水）

将开水注入盖碗中。

（六）玉液移壶（倒茶）

将泡好的茶汤倒入公道杯中。出汤时要低斟，以免茶香过多地散发。

（七）普降甘露（分茶）

将茶汤均匀分到每个品茗杯中。

（八）敬奉香茗（敬茶）

请宾客细品黑茶的茶香与滋味。

三、安化黑茶冲泡方法——茶壶法

茶壶冲泡法适用于 2 ～ 5 人的场合，其方法与盖碗冲泡法较为相似。茶壶冲泡法的泡茶程序为置器、温壶、赏茶、温杯、置茶、洗茶、冲泡、倒茶、奉茶、品茶。

（一）置器

准备好泡茶用具，如茶桌、椅子、电炉、煮水器、辅助用具、储茶器等。

（二）温壶

温壶是泡茶前的重要准备工作之一，目的是洗涤茶具，提高壶温。温壶之水入壶后要等赏茶步骤结束后再倒出。

（三）赏茶

用茶匙将备好的黑茶舀入茶荷，然后将茶荷展示给客人看，并简单介绍茶叶的产地、品种、特征等。

（四）温杯

根据品茶人数准备好茶杯，并用沸水洗涤，再用茶巾擦干杯底。

（五）置茶

将茶荷内准备好的茶叶放进茶壶里，然后轻轻摇动茶壶，使茶叶在壶内分散均匀。

（六）洗茶

这是冲泡黑茶的第一步，目的是清除黑茶上的浮尘，除去杂味，同时润开紧闭的芽叶。洗茶时迅速倒入半壶水，8 ～ 10 s 后倒出。

（七）冲泡

高提水壶，将开水冲入茶壶中，再利用手腕的力量，上下提拉注水，反复三次，这道工序称为“凤凰三点头”。它是茶道中的传统礼仪，既表示对客人的敬意，也表示对茶的敬意。

（八）倒茶

黑茶浸泡约 15 s 后，持壶将茶汤快速倒入公道杯中。注意壶中的茶汤要倒净，以免剩余茶汤影响下一泡茶的品质。

（九）奉茶

将公道杯中的茶汤分到每个品茗杯中，请客人品饮。分完茶后，将品茗杯送到客人面前，茶杯不宜端得过高，与客人肩部同高即可，并敬请客人品茶。

（十）品茶

品饮黑茶时，要一边看汤色，一边闻茶香，轻饮一口，细细品味，使茶汤遍布口腔，尽情享受黑茶之茶韵。

四、安化黑茶冲泡方法——闷泡法

用传统或正式的方法冲泡黑茶需要准备齐全的茶具和适宜的环境，但现代消费者生活节奏较快，不一定具备上述品饮方式的条件与时间，用飘逸杯或常用茶杯闷泡法就是比较便捷的一种饮茶方法，也能较好地呈现出黑茶醇厚香浓的特性，这种方法尤其适用于都市上班族。

（一）准备茶具

准备冲泡工具，即飘逸杯、品茗杯、烧水壶等。

（二）温杯

在飘逸杯内倒入少许开水，旋转一圈，使开水温烫飘逸杯的全部内壁，然后倒出。

（三）投茶

将茶叶放入飘逸杯中。

（四）洗茶

用少许热水洗茶，去除黑茶上的浮尘以及杂味，同时润开紧闭的芽叶，时间为 8 ～ 10 s。

（五）冲水

将洗好的茶重新注入沸水，至飘逸杯的三分之二处即可。

（六）闷泡

冲入开水后，加盖闷泡 30 s 左右。

（七）品茗

茶水分离，将茶水倒入品茗杯即可品饮。

五、黑茶品饮

黑茶品饮、闻香要趁热进行，品饮时，要让茶汤在喉舌间略做停留，让茶汤穿透口唇、沁渗齿龈，以充分感受茶汤之滋味，并可通过了解茶的品种、年份、存放环境等，来预估其汤色、滋味、香气、发酵度、耐泡度，同时也可以在不同时间、不同环境下多品饮几遍，再通过观察干茶和叶底等进一步了解其品质。在品鉴时，通过视觉、味觉、嗅觉来感受茶的优劣。黑茶的品鉴一般围绕着以下几点来掌握。

（一）味甘

在黑茶入口的时候，可以很明显地感觉到有一种甜味，将茶汤饮下之后，顿觉回甘明显、喉底生津。

（二）顺滑柔和

质优且有年份的黑茶，茶汤入口后在口腔中首先能感觉到爽滑。将茶汤含在口腔中，慢慢品味，会让人感觉到茶汤很顺柔，不刺激。

（三）香幽色雅

黑茶冲泡后的茶香必须幽而长，浓且闻之不腻；冲泡后的茶汤颜色均匀、无混浊物、色泽清亮。

（四）古韵悠长

古老的黑茶就像一口会说话的钟。我们在品饮黑茶的时候，其实也是在感受历史留给今人的一种见证。在浓醇的黑茶茶汤中，闻古韵、品茶香，感受黑茶的深厚历史，让古韵永留品茶者心间。

第九章　安化黑茶的专业审评

不同于黑茶的日常品饮，茶叶审评则是一门实用技术，对环境、人员、操作方法等有着严谨的规定。审评是凭借人的感觉器官（触觉、嗅觉、视觉、味觉）来评定茶叶品质（色、香、味、形）的高低优次，并给予茶叶客观评价的过程。茶叶的审评一般应由具有评茶员资质的专业人员从事，并依据 GB/T 23776—2018（茶叶感官审评方法）的规定进行，同时场地应符合 GB/T 18797—2012（茶叶感官审评室基本条件）的要求。黑茶的评审如图 2–21 所示。

图 2–21　黑茶的评审

第一节　评茶员

一、评茶员的基本要求

当代评茶员应掌握丰富的专业知识，对制茶工艺、茶叶品质的形成、茶叶机械、茶叶化学、茶树栽培、茶树病虫害、茶叶贸易、茶叶文化等相关知识有一定程度的了解。同时还应深入生产第一线，了解茶叶加工方式、生产过程中每一道工序对茶叶品质的影响；了解茶树栽培、茶树品种、鲜叶质量对茶叶品质形成的影响；了解、掌握市场销售情况及不同市场中不同消费者的饮茶习惯等方面的知识。只有充分掌握上述知识，在进行茶叶审评时，才能得心应手，正确评定茶叶品质的优劣。除此之外，在进行审评时还应注意以下几点：

（1）忌抽烟及食用有刺激性气味的食物。在评茶之前，评茶人员不得抽烟，食用辛辣、有刺激性气味的食物，以免影响审评结果的正确性。

（2）忌涂抹润手霜及使用香水。在评茶之前，评茶人员不得施脂粉、涂抹润手霜、喷香水，以免影响评茶的准确性，而且茶叶易吸附异味影响其品质。

（3）注意个人卫生。在评茶之前，评茶人员应保持个人和评茶室环境的整洁、卫生。

二、评茶员国家职业技能标准

为规范评茶员的从业行为，为职业技能鉴定提供依据，依据《中华人民共和国劳动法》，适应经济社会发展和科技进步的客观需要，立足培育工匠精神和精益求精的敬业风气，人力资源和社会保障部、中华全国供销合作总社职业技能鉴定指导中心组织有关专家，制定了《评茶员国家职业技能标准》（2019 年版），将评茶员分为五级 / 初级工、四级 / 中级工、三级 / 高级工、

二级 / 技师和一级 / 高级技师五个等级，并对评茶从业人员的职业活动内容进行规范细致的描述，对各等级从业者的技能水平和理论知识水平进行了明确规定。

第二节　茶叶感官审评室基本条件

由于环境会影响人的感官因素，导致评茶员对茶叶的审评结果出现波动，因此，评茶需要在特定的环境下进行，场地应符合 GB/T 18797—2012（茶叶感官审评室基本条件）的要求。

一、范围

本标准规定了茶叶感官审评室的基本要求、布局和建立。

本标准适用于审评各类茶叶的感官审评室。

二、规范性引用文件

下列文件对于本文件的应用是必不可少的。凡是注日期的引用文件，仅注日期的版本适用于本文件。凡是不注日期的引用文件，其最新版本（包括所有的修改单）适用于本文件。

GB/T 23776 茶叶感官审评方法

三、术语和定义

茶叶感官审评室：专门用于感官评定茶叶品质的检验室。

四、基本要求

（一）地点

茶叶感官审评室应建立在地势干燥、环境清静、窗口面无高层建筑及杂物阻挡、无反射光、周围无异气污染的地区。

（二）室内环境

茶叶感官审评室内应空气清新、无异味，温度和湿度应适宜，室内安静、整洁、明亮。

五、审评室布局

茶叶感官审评室应包括：①进行感官审评工作的审评室；②用于制备和存放评审样品及标准样的样品室；③办公室；④如有条件可在审评室附近建立休息室、盥洗室和更衣室。

六、审评室建立

（一）审评室

1. 朝向

宜坐南朝北，北向开窗。

2. 面积

按评茶人数和日常工作量而定。最小使用面积不得小于 10 m^2。

3. 室内色调

审评室墙壁和内部设施的色调应选择中性色，以避免影响对被检样品颜色的评价：墙壁（应为乳白色或接近白色）；天花板（应为白色或接近白色）；地面（应为浅灰色或较深灰色）。

4. 气味

审评室内应保持无异气味。室内的建筑材料和内部设施应易于清洁，不吸附和不散发气味，器具清洁不得留有气味。审评室周围应无污染气体排放。

5. 噪声

评茶期间应控制噪声不超过 50 dB。

6. 采光

（1）自然光：室内光线应柔和、明亮，无阳光直射、无杂色反射光。利用室外自然光时，前方应无遮挡物、玻璃墙及涂有鲜艳色彩的反射物。开窗面积大，使用无色透明玻璃，并保持洁净。有条件的可采用北向斗式采光窗，采光窗高 2 m，斜度 30°，半壁涂以无反射光的黑色油漆，顶部镶以无色透明平板玻璃，向外倾斜 3°～5°。

（2）人造光：当室内自然光线不足时，应有可调控的人造光源进行辅助照明。可在干、湿看台上方悬挂一组标准昼光灯管，应使光线均匀、柔和、无投影。也可使用箱型台式人造昼光标准光源观察箱，箱顶部悬挂标准昼光灯管（二管或四管），箱内涂以灰黑色或浅灰色。灯管色温宜为5 000 ～ 6 000 K，使用人造光源时应防自然光线干扰。

（3）照度：干评台工作面照度约 1 000 lx；湿评台工作面照度不低于 750 lx。

7. 温度和湿度

室内应配备温度计、湿度计、空调机、去湿及通风装置，使室内温度、湿度得以控制。评茶时，室内温度宜保持在 15 ～ 27 ℃。室内相对湿度不高于 70%。

8. 审评设备

应配备干评台、湿评台、各类茶审评用具等基本设施，具体规格和要求按 GB/T 23776（茶叶感官审评方法）的规定执行。应配备水池、毛巾，方便审评人员评茶前的清洗及审评后杯碗等器具的洗涤。

9. 检验隔挡

（1）隔挡数量：可根据审评室实际空间大小和评茶人数决定隔挡数量，一般为 3 ～ 5 个。

（2）隔挡设置：推荐使用可拆卸、屏风式隔挡。隔挡高 1 800 mm，隔挡内工作区长度不得低于 2 000 mm，宽度不得低于 1 700 mm。

（3）隔挡内设施：每一隔挡内设有一干评台和一湿评台，配有一套评茶专用设备。

（二）集体工作区

1. 一般要求

集体工作区可在审评室内，用于审评员之间及与检验主持人之间的讨论，也可用于评价初始阶段的培训，以及任何需要时的讨论。集体工作区可摆放一张桌子供参加检验的所有审评人员同时使用并能放置以下物品：①供审评人员记录的审评记录表和笔；②放置审评用的评茶盘、审评杯碗、计时器等。

2. 采光

集体工作区的采光应符合相关要求。

（三）样品室

1. 要求

样品室宜紧靠审评室，但应与其隔开，以防相互干扰。室内应整洁、干燥、无异味。门窗应挂暗帘，室内温度宜≤ 20 ℃，相对湿度宜≤ 50%。

2. 设施

应配备以下设施：①合适的样品柜；②温度计、湿度计、空调机和去湿机；③需要时可配备冷柜或冰箱，用于实物标准样及具代表性实物参考样的低温贮存；④制备样品的其他必要设备：工作台、分样器（板）、分样盘、天平、茶罐等；⑤照明设施和防火设施。

（四）办公室

办公室是审评人员处理日常事务的主要工作场所，宜靠近审评室，但不得与之混用。

第三节　安化黑茶的审评

传统的安化黑茶包括茯砖、花砖、黑砖、天尖、贡尖、生尖、花卷，其中茯砖、花砖、黑砖、花卷的审评应参照 GB/T 23776—2018（茶叶感官审评方法）中的“紧压茶”部分进行，天尖、贡尖、生尖的审评应参照该标准中的“黑茶（散茶）”部分进行，而一些新品种黑茶，如金花散茶、表面发花茯砖茶、轻压茯砖等则根据其外形分别采用“散茶”或“紧压茶”的标准进行评审，同时应兼顾这些产品的特点。黑茶审评的具体方法如下。

一、审评条件

（一）环境

应符合 GB/T 18797—2012（茶叶感官审评室基本条件）的要求，审评室如图 2-22 所示。

图 2–22　茶叶审评室

（二）审评设备

1. 审评台

干性审评台高度 800 ～ 900 mm，宽度 600 ～ 750 mm，台面为黑色亚光；湿性审评台高度 750 ～ 800 mm，宽度 450 ～ 500 mm，台面为白色亚光。审评台（图 2–23）长度视实际需要而定。

图 2–23　审评台

2. 评茶标准杯碗

黑茶的评审一般采用 250 mL 审评杯 / 碗（图 2–24），其材质为白色瓷质，颜色组成应符合 GB/T 15608—2006（中国颜色体系）中的中性色的规定，要求 $N \geqslant 9.5$。大小、厚薄、色泽一致。杯身呈圆柱形，高 75 mm、外径 80 mm。评杯 / 碗应有盖，盖上有一小孔，杯盖上面外径 92 mm，与杯柄相对的杯口上缘有三个呈锯齿形的滤茶口。口中心深 4 mm，宽 2.5 mm。碗高 71 mm，上口外径 112 mm，容量 440 mL。

图 2-24　评茶标准杯 / 碗

3. 评茶盘

评茶盘（图 2-25）由木板或胶合板制成，方形，外围边长 230 mm，边高 33 mm，盘的一角有缺口，缺口呈倒等腰梯形，上宽 50 mm，下宽 30 mm。涂以白色油漆，无气味。

图 2-25　评茶盘

4. 分样盘

木板或胶合板制，正方形，内围边长 320 mm，边高 35 mm。盘的两端各开一缺，涂以白色，无气味。分样盘如图 2-26 所示。

图 2-26　分样盘

5. 叶底盘

叶底盘包括黑色叶底盘和白色搪瓷盘（图 2-27）。黑色叶底盘为正方形，边长 100 mm，边高 15 mm，供审评精制茶用；搪瓷盘为长方形，外径长 30 mm，宽 172 mm，边高 30 mm。一般供审评样品叶底用。

图 2-27 白色搪瓷盘

6. 扦样匾（盘）

（1）扦样匾：竹制，圆形，直径 1 000 mm，边高 30 mm，供取样用。

（2）扦样盘（图 2-28）：木板或胶合板制，正方形，内围边长 500 mm，边高 35 mm，盘的一角开一缺口，涂以白色，无气味。

图 2-28 扦样盘

7. 分样器

木制或食品级不锈钢制，由 4 个或 6 个边长 120 mm，高 250 mm 的正方体组成长方体分样器的柜体，4 脚，高 200 mm，上方敞口、具盖，每个正方体的正面下部开一个 90 mm × 50 mm 的口子，有挡板，可开关。分样器如图 2-29 所示。

图 2-29　分样器

8. 称量用具

天平，感量 0.1 g。称量用具如图 2-30 所示。

（a）　（b）

图 2-30　称量用具

9. 计时器

定时钟或特制砂时计，精确到秒。计时器如图 2-31 所示。

图 2-31　计时器

10. 其他用具

其他审评用具如下。①刻度尺：刻度精确到毫米；②网匙：不锈钢网制半圆形小勺子，用于捞取碗底沉淀的碎茶；③茶匙：不锈钢或瓷匙，容量约10 mL；④烧水壶：普通电热水壶，食品级不锈钢，容量不限；⑤茶筅：竹制，用于搅拌粉茶用。

（三）审评用水

审评用水的理化指标及卫生指标应符合 GB 5749—2022（生活饮用水卫生标准）的规定。同一批茶叶审评用水的水质应一致。

（四）审评人员

（1）茶叶审评人员应获评茶员国家职业资格证书，持证上岗。

（2）身体健康，视力 5.0 及以上，持《食品从业人员健康证明》上岗。

（3）审评人员开始审评前应先更换工作服，用无气味的洗手液把双手清洗干净，并在整个操作过程中保持洁净。

（4）审评过程中不能使用化妆品，不得吸烟。

二、审评内容

（一）取样方法

1. 初制茶取样方法

①匀堆取样法：将该批茶叶拌匀成堆，然后从堆的各个部位分别扦取样茶，扦样点不得少于八点。②就件取样法：从每件上、中、下、左、右五个部位各扦取一把小样置于扦样匾（盘）中，并查看样品间品质是否一致。若单件的上、中、下、左、右五部分样品差异明显，应将该件茶叶倒出，充分拌匀后，再扦取样品。③随机取样法：按 GB/T 8302—2013（茶 取样）规定的抽取件数随机抽件，再按就件取样法扦取。④上述各种方法均应将扦取的原始样茶充分拌匀后，用分样器或对角四分法扦取 100 ～ 200 g 两份作为审评用样，其中一份直接用于审评，另一份留存备用。

2. 精制茶取样方法

按照 GB/T 8302—2013（茶 取样）规定执行。

（二）审评因子及其要素

1. 审评因子

（1）初制茶审评因子：按照茶叶的外形（包括形状、嫩度、色泽、整碎和净度）、汤色、香气、滋味和叶底五项因子进行。

（2）精制茶审评因子：按照茶叶外形的形状、色泽、整碎和净度，内质的汤色、香气、滋味和叶底八项因子进行。

2. 审评因子的审评要素

（1）外形。干茶审评其形状、嫩度、色泽、整碎和净度。紧压茶审评其形状规格、松紧度、匀整度、表面光洁度和色泽。分里、面茶的紧压茶，审评是否起层脱面，包心是否外露等。茯砖加评“金花”是否茂盛、均匀及颗粒大小。

（2）汤色。茶汤审评其颜色种类与色度、明暗度和清浊度等。

（3）香气。香气审评其类型、浓度、纯度、持久性。

（4）滋味。茶汤审评其浓淡、厚薄、醇涩、纯异和鲜钝等。

（5）叶底。叶底审评其嫩度、色泽、明暗度和整度（包括叶片的匀整度和色泽的匀整度）。

（三）审评方法

1. 外形审评方法

（1）取缩分后的有代表性的茶样 100 ～ 200 g，置于评茶盘中，双手握住茶盘对角，用回旋筛转法，将茶样按粗细、长短、大小、整碎顺序分层并顺势收于评茶盘中间呈圆馒头形，分上层（也称面张、上段）、中层（也称中段、中档）、下层（也称下段、下脚），用目测、手触等方法，通过翻动茶叶、调换位置，反复察看并比较外形。

（2）初制茶：目测审评面张茶后，评审人员用手轻轻地将大部分上、中段茶抓在手中，审评留在评茶盘中的下段茶的品质，然后抓茶的手心朝上摊开，将茶摊放在手中，目测审评中段茶的品质。同时，用手掂估同等体积茶（身骨）的质量。

（3）精制茶：目测审评面张茶后，审评人员双手握住评茶盘，用“簸”的手法，让茶叶在评茶盘中从内向外按形态呈现从大到小的排布，分出上、中、下档，然后目测审评。

2. 茶汤制备方法与各因子审评顺序

（1）黑茶（散茶）（柱形杯审评法）。取有代表性茶样 3.0 g 或 5.0 g，茶水比（质量体积比）按 1 ∶ 50，置于相应的审评杯中，注满沸水，加盖浸泡 2 min，按冲泡次序依次等速将茶汤沥入评茶碗中，审评汤色、嗅杯中叶底香气、尝滋味后，进行第二次冲泡，时间为 5 min，沥出茶汤依次审评汤色、香气、滋味、叶底。汤色结果以第一泡为主评判，香气、滋味以第二泡为主评判。

（2）紧压茶（柱形杯审评法）。称取有代表性的茶样 3.0 g 或 5.0 g，茶水比（质量体积比）为 1 ∶ 50，置于相应的审评杯中，注满沸水，依紧压程度加盖浸泡 2 ～ 5 min，按冲泡次序依次等速将茶汤沥入评茶碗中，审评汤色、嗅杯中叶底香气、尝滋味后，进行第二次冲泡，时间为 5 ～ 8 min，沥出茶汤依次审评汤色、香气、滋味、叶底。结果以第二泡为主，并综合第一泡进行评判。

3. 内质审评方法

（1）汤色。目测法审评茶汤，应注意光线、评茶用具等的影响，可调换审评碗的位置以减少环境光线对汤色的影响。

（2）香气。一手持杯，一手持盖，靠近鼻孔，半开杯盖，嗅评杯中香气，每次持续 2 ～ 3 s，后随即合上杯盖。可反复 1 ～ 2 次，判断香气的质量，采用热嗅（杯温约 75 ℃）、温嗅（杯温约 45 ℃）、冷嗅（杯温接近室温）结合进行。

（3）滋味。用茶匙取适量（5 mL）茶汤于口内，通过吸吮使茶汤在口腔内循环打转，接触舌头各部位，吐出茶汤或咽下，审评其滋味。审评滋味适宜的茶汤温度为 50 ℃。

（4）叶底。黑茶一般采用白色搪瓷叶底盘，操作时应将杯中的茶叶全部倒入叶底盘中，其中白色搪瓷叶底盘中要加入适量清水，让叶底漂浮起来。用目测、手触等方法审评叶底。

三、审评结果与判定

（一）级别判定

对照一组标准样品，比较未知茶样品与标准样品之间某一级别在外形和内质的相符程度（或差距）。首先，对照一组标准样品的外形，从形状、嫩度、色泽、整碎和净度五个方面综合判定未知样品等于或约等于标准样品中的某一级别，即定为该未知样品的外形级别。然后从内质的汤色、香气、滋味与叶底四个方面综合判定未知样品等于或约等于标准样中的某一级别，即定为该未知样品的内质级别。未知样最后的级别判定结果计算按下式：

$$未知样的级别 =（外形级别 + 内质级别）÷ 2$$

（二）合格判定

1. 评分

以成交样或标准样相应等级的色、香、味、形的品质要求为水平依据，按规定的审评因子（表 2-1），即形状、整碎、净度、色泽、香气、滋味、汤色和叶底和审评方法，将生产样对照标准样或成交样逐项对比审评，判断结果时按“七档制”（表 2-2）方法进行评分。

表 2-1　不同黑茶品质审评因子

茶类	外形				内质			
	形状（A）	整碎（B）	净度（C）	色泽（D）	香气（E）	滋味（F）	汤色（G）	叶底（H）
黑茶（散茶）	√	√	√	√	√	√	√	√
紧压茶	√	×	√	√	√	√	√	√

注：“×”为非审评因子。

表 2-2　七档制审评方法

七档制	评分	说明
高	+3	差异大，明显好于标准样
较高	+2	差异较大，好于标准样
稍高	+1	仔细辨别才能区分，稍好于标准样
相当	0	标准样或成交样的水平
稍低	−1	仔细辨别才能区分，稍差于标准样

续　表

七档制	评分	说明
较低	–2	差异较大，比标准样差
低	–3	差异大，明显比标准样差

2. 结果计算

审评结果按下式计算：

$$Y=A_n+B_n+\cdots+H_n$$

式中：Y 表示茶叶审评总得分；A_n、B_n、⋯、H_n 表示各审评因子的得分。

3. 结果判定

任何单一审评因子中得 –3 分者判该样品为不合格。总得分≤ –3 分表示该样品为不合格。

（三）品质评定

1. 评分的形式

（1）独立评分：整个审评过程由一个或若干个评茶员独立完成。

（2）集体评分：整个审评过程由三人或三人以上（奇数）评茶员一起完成。参加审评的人员组成一个审评小组，其中一人为主评。审评过程中由主评先评出分数，其他人员根据品质标准对主评出具的分数进行修改并确认，对观点差异较大的茶进行讨论，最后共同确定分数，如有争论，投票决定。并加注评语，评语引用 GB/T 14487—2017（茶叶感官审评术语）。

2. 评分的方法

茶叶品质顺序的排列样品应在两只（含两只）以上，评分前工作人员对茶样进行分类、编号，审评人员在不了解茶样的来源、编号条件下进行盲评，根据审评知识与品质标准，按外形、汤色、香气、滋味和叶底五因子，采用百分制，在公平、公正条件下对每个茶样中每项因子进行评分，并加注评语，评语引用 GB/T 14487—2017（茶叶感官审评术语）。评分标准如表 2–3、2–4、2–5、2–6 所示。

表 2-3　茯砖茶品质评语与各品质因子评分表

因子	级别	品质特征	给分	评分系数
外形（*a*）	甲	砖面平整，四角分明，松紧适度，色泽黄褐，金花茂盛，色泽金黄，颗粒大	90 ～ 99	20%
	乙	砖面较平整，松紧适中，金花较茂盛，颗粒较大	80 ～ 89	
	丙	砖面尚平整，松紧度较适合，金花尚茂盛，颗粒尚大	70 ～ 79	
汤色（*b*）	甲	橙黄（橙红）明亮	90 ～ 99	10%
	乙	橙黄（橙红）尚亮	80 ～ 89	
	丙	橙黄（橙红）不亮，浑浊	70 ～ 79	
香气（*c*）	甲	香气纯正，有菌花香，无霉味、杂异味	90 ～ 99	25%
	乙	香气较纯正，无霉味、杂异味	80 ～ 89	
	丙	香气尚纯	70 ～ 79	
滋味（*d*）	甲	醇和（醇浓）	90 ～ 99	35%
	乙	较醇和（醇浓）	80 ～ 89	
	丙	尚醇	70 ～ 79	
叶底（*e*）	甲	色泽黄褐、暗褐	90 ～ 99	10%
	乙	色泽较黄褐、暗褐	80 ～ 89	
	丙	色泽尚黄褐、暗褐	70 ～ 79	

表 2-4　黑砖茶、花砖茶品质评语与各品质因子评分表

因子	级别	品质特征	给分	评分系数
外形（*a*）	甲	形状完全符合规格要求，松紧度适中，表面平整	90 ～ 99	20%
	乙	形状符合规格要求，松紧度适中，表面尚平整	80 ～ 89	
	丙	形状基本符合规格要求，松紧度较适合	70 ～ 79	

续　表

因子	级别	品质特征	给分	评分系数
汤色（*b*）	甲	色泽依茶类不同，明亮	90～99	10%
	乙	色泽依茶类不同，尚明亮	80～89	
	丙	色泽依茶类不同，欠亮或浑浊	70～79	
香气（*c*）	甲	香气纯正，高爽，无杂异气味	90～99	30%
	乙	香气尚纯正，无异杂气味	80～89	
	丙	香气尚纯，有烟气、微粗等	70～79	
滋味（*d*）	甲	醇厚，有回味	90～99	35%
	乙	醇和	80～89	
	丙	尚醇和	70～79	
叶底（*e*）	甲	黄褐或黑褐，匀齐	90～99	5%
	乙	黄褐或黑褐，尚匀齐	80～89	
	丙	黄褐或黑褐，欠匀齐	70～79	

表 2-5　花卷茶品质评语与各品质因子评分表

因子	级别	品质特征	给分	评分系数
外形（*a*）	甲	包装完整，形状挺拔，尺寸符合规定标准，色泽黑褐或黄褐油润，含梗量适中，松紧适度	90～99	20%
	乙	尺寸符合规定标准，松紧度适中，包装较完整，润泽度较好	80～89	
	丙	尺寸基本符合规定标准，松紧度较适合，尚润泽	70～79	
汤色（*b*）	甲	橙黄（橙红）明亮、清澈	90～99	10%
	乙	橙黄（橙红）较明亮、清澈	80～89	
	丙	橙黄（橙红）欠亮或浑浊	70～79	

续 表

因子	级别	品质特征	给分	评分系数
香气（c）	甲	香气陈纯，允许有竹香、粽叶香（菌花香不扣分），不允许出现霉味、馊酸味	90～99	25%
	乙	香气较纯正，无杂异气味	80～89	
	丙	尚纯	70～79	
滋味（d）	甲	醇和（醇厚），不涩	90～99	35%
	乙	尚醇厚	80～89	
	丙	尚醇	70～79	
叶底（e）	甲	褐黄	90～99	10%
	乙	较褐黄	80～89	
	丙	尚褐黄	70～79	

表 2-6　三尖茶品质评语与各品质因子评分表

因子	级别	品质特征	给分	评分系数
外形（a）	甲	条索重实匀齐,色泽黑褐油润（允许有团块）	90～99	20%
	乙	条索重实较匀齐，色泽黑褐较油润	80～89	
	丙	条索重实尚匀齐，色泽黑褐尚油润	70～79	
汤色（b）	甲	橙黄（橙红），清亮	90～99	10%
	乙	橙黄（橙红），尚清亮	80～89	
	丙	橙黄（橙红）欠亮或浑浊	70～79	
香气（c）	甲	香气纯正（允许带松烟香），陈茶带陈香，不能有霉味、杂味，烟味不可刺鼻、过重	90～99	25%
	乙	香气较纯正，无杂气味	80～89	
	丙	香气尚纯	70～79	

续　表

因子	级别	品质特征	给分	评分系数
滋味（d）	甲	醇厚，回味好（当年新茶准许略带涩味）	90 ～ 99	35%
	乙	较醇厚	80 ～ 89	
	丙	尚醇	70 ～ 79	
叶底（e）	甲	暗黄褐、暗褐	90 ～ 99	10%
	乙	较暗褐	80 ～ 89	
	丙	尚暗褐	70 ～ 79	

3. 分数的确定

（1）每个评茶员所评分数相加的总和除以参加评分的人数所得的分数。

（2）当独立评茶员人数达五人以上，可在评分的结果中去除一个最高分和一个最低分，其余的分数相加的总和除以其人数所得的分数。

4. 结果计算

将单项因子的得分与该因子的评分系数相乘，并将各个乘积值相加，即为该茶样审评的总得分。计算式如下式：

$$Y=A\times a+B\times b+\cdots+E\times e$$

式中：Y 表示茶叶审评总得分；A、B、…、E 表示各品质因子的审评得分；a、b、…、e 表示各品质因子的评分系数。

5. 结果评定

根据计算结果按分数从高到低的次序排列审评名次。

如遇分数相同者，则按“滋味→外形→香气→汤色→叶底”的次序比较单一因子得分的高低，高者居前。

第四节　安化黑茶审评实例

一、机压茯砖茶

（一）机压茯砖茶产品信息

产品名称：湖南城市学院黑茶研发科技有限公司 1 kg 茯砖茶（图 2–32）

生产时间：2016 年

审评时产品存放时间：5 年

图 2–32　机压茯砖茶样品

（二）机压茯砖茶审评结果

机压茯砖茶品质鉴定标准参照表 2–3“茯砖茶品质评语与各品质因子评分表”，通过对该机压茯砖茶样品各项品质因子评分进行统计，其品质评价总得分为 92 分。审评现场图及结果见图 2–33、图 2–34、表 2–7。

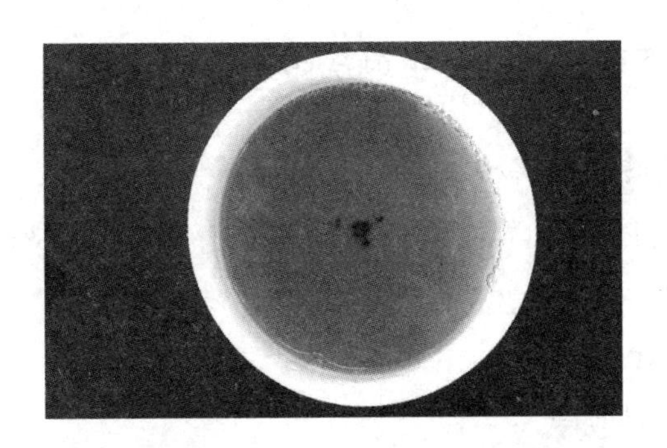

图 2-33 机压茯砖茶茶汤

图 2-34 机压茯砖茶叶底

表 2-7 机压茯砖茶样品审评结果

因子	级别	品质特征	给分	评分系数
外形（a）	甲	砖面平整，四角分明，松紧适度，色泽黄褐，金花茂盛，色泽金黄，颗粒大	91	20%
汤色（b）	甲	橙黄（橙红）明亮	95	10%
香气（c）	甲	香气纯正，有菌花香，无霉味、杂异味	92	25%
滋味（d）	甲	醇和（醇浓）	94	35%
叶底（e）	乙	色泽较黄褐、暗褐	84	10%

二、安化黑茶审评实例：手筑茯砖茶

（一）手筑茯砖茶产品信息

产品名称：湖南城市学院黑茶研发科技有限公司 1 kg 手筑茯砖茶（图 2–35）

生产时间: 2016 年

审评时产品存放时间: 5 年

图 2–35　手筑茯砖茶样品

（二）手筑茯砖茶审评结果

手筑茯砖茶品质鉴定标准参照表 2–3“茯砖茶品质评语与各品质因子评分表”，通过对该手筑茯砖茶样品各项品质因子评分进行统计，其品质评价总得分为 92.3 分。审评现场图及结果见图 2–36、图 2–37、表 2–8。

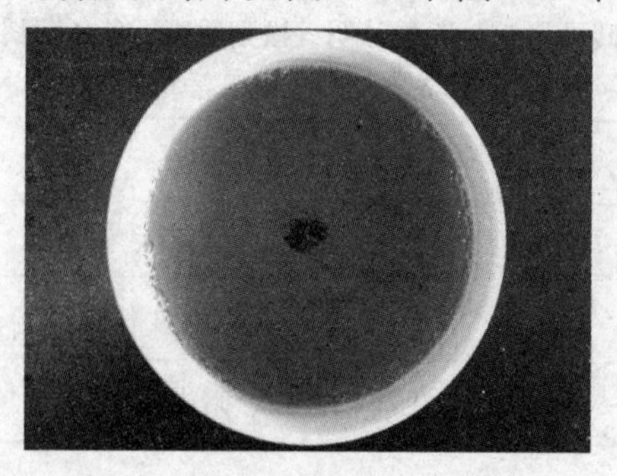

图 2–36　手筑茯砖茶茶汤

图 2-37　手筑茯砖茶叶底

表 2-8　手筑茯砖茶样品审评结果

因子	级别	品质特征	给分	评分系数
外形（a）	乙	砖面较平整，松紧适中，金花较茂盛，颗粒较大	88	20%
汤色（b）	甲	橙黄（橙红）明亮	96	10%
香气（c）	甲	香气纯正，有菌花香，无霉味、杂异味	93	25%
滋味（d）	甲	醇和（醇浓）	93	35%
叶底（e）	甲	色泽黄褐、暗褐	93	10%

三、安化黑茶审评实例：黑砖茶

（一）黑砖茶产品信息

产品名称：白沙溪茶厂有限责任公司 2 kg 黑砖茶（图 2-38）

生产时间：2018 年

审评时产品存放时间：3 年

图 2-38 黑砖茶样品

（二）黑砖茶审评结果

黑砖茶品质鉴定标准参照表 2-4“黑砖茶、花砖茶品质评语与各品质因子评分表”，通过对该黑砖茶样品各项品质因子评分进行统计，其品质评价总得分为 91.45 分。审评现场图及结果见图 2-39、图 2-40、表 2-9。

图 2-39 黑砖茶茶汤

图 2-40 黑砖茶叶底

表 2-9　黑砖茶样品审评结果

因子	级别	品质特征	给分	评分系数
外形（a）	甲	形状完全符合规格要求，松紧度适中，表面平整	93	20%
汤色（b）	甲	色泽依茶类不同，明亮	96	10%
香气（c）	甲	香气纯正，高爽，无杂异气味	90	30%
滋味（d）	甲	醇厚，有回味	91	35%
叶底（e）	乙	黄褐或黑褐，尚匀齐	88	5%

四、安化黑茶审评实例：花砖茶

（一）花砖茶产品信息

产品名称：白沙溪茶厂有限责任公司 2 kg 花砖茶（图 2-41）

生产时间：2018 年

审评时产品存放时间：3 年

图 2-41　花砖茶样品

（二）花砖茶审评结果

花砖茶品质鉴定标准参照表 2-4“黑砖茶、花砖茶品质评语与各品质因子评分表”，通过对该花砖茶样品各项品质因子评分进行统计，其品质评价总得分为 91.85 分。审评现场图及结果见图 2-42、图 2-43、表 2-10。

图 2-42　花砖茶茶汤

图 2-43　花砖茶叶底

表 2-10　花砖茶样品审评结果

因子	级别	品质特征	给分	评分系数
外形（a）	甲	形状完全符合规格要求，松紧度适中，表面平整	95	20%
汤色（b）	甲	色泽依茶类不同，明亮	90	10%
香气（c）	甲	香气纯正，高爽，无杂异气味	91	30%
滋味（d）	甲	醇厚，有回味	91	35%
叶底（e）	甲	黄褐或黑褐，匀齐	94	5%

五、安化黑茶审评实例：千两茶

（一）千两茶产品信息

产品名称：湖南城市学院黑茶研发科技有限公司千两茶（图 2-44）

生产时间：2013 年

审评时产品存放时间：8 年

（a）

（b）

图 2-44 千两茶样品

（二）千两茶审评结果

千两茶品质鉴定标准参照表 2-5“花卷茶品质评语与各品质因子评分表”，通过对该千两茶样品各项品质因子评分进行统计，其品质评价总得分为 93.6 分。审评现场图及结果见图 2-45、图 2-46、表 2-11。

图 2-45 千两茶茶汤

图 2-46 千两茶叶底

表 2-11 千两茶样品审评结果

因子	级别	品质特征	给分	评分系数
外形（*a*）	甲	包装完整，形状挺拔，尺寸符合规定标准，色泽黑褐或黄褐油润，含梗量适中，松紧适度	94	20%
汤色（*b*）	甲	橙黄（橙红）明亮、清澈	96	10%
香气（*c*）	甲	香气陈纯，允许有竹香、粽叶香（菌花香不扣分），不允许出现霉味、馊酸味	93	25%
滋味（*d*）	甲	醇和（醇厚），不涩	93	35%
叶底（*e*）	甲	褐黄	94	10%

六、安化黑茶审评实例：天尖茶

（一）天尖茶产品信息

产品名称：白沙溪茶厂有限责任公司 1 kg 天尖茶（图 2-47）

生产时间：2017 年

审评时产品存放时间：4 年

图 2–47　天尖茶样品

（二）天尖茶审评结果

天尖茶品质鉴定标准参照表 2–6“三尖茶品质评语与各品质因子评分表”，通过对该天尖茶样品各项品质因子评分进行统计，其品质评价总得分为 93.75 分。审评现场图及结果见图 2–48、图 2–49、表 2–12。

图 2–48　天尖茶茶汤

图 2-49　天尖茶叶底

表 2-12　天尖茶样品审评结果

因子	级别	品质特征	给分	评分系数
外形（a）	甲	条索重实匀齐，色泽黑褐油润（允许有团块）	91	20%
汤色（b）	甲	橙黄（橙红），清亮	95	10%
香气（c）	甲	香气纯正（允许带松烟香），陈茶带陈香，不能有霉味、杂味，烟味不可刺鼻、过重	95	25%
滋味（d）	甲	醇厚，回味好（当年新茶准许略带涩味）	94	35%
叶底（e）	甲	暗黄褐、暗褐	94	10%

七、安化黑茶审评实例：富金花散茶

（一）富金花散茶产品信息

产品名称：黑茶金花湖南省重点实验室 480 g 富金花散茶（图 2-50）

生产时间：2014 年

审评时产品存放时间：7 年

图 2-50 富金花散茶样品

（二）富金花散茶审评结果

富金花散茶品质鉴定标准参照表 2-3“茯砖茶品质评语与各品质因子评分表”，并略做修订，通过对该富金花散茶样品各项品质因子评分进行统计，其品质评价总得分为 96.1 分。审评现场图及结果见图 2-51、图 2-52、表 2-13。

图 2-51 富金花散茶茶汤

图 2-52 富金花散茶叶底

表 2-13　富金花散茶样品审评结果

因子	级别	品质特征	给分	评分系数
外形（a）	甲	条索重实匀齐，色泽黑褐油润，金花茂盛，色泽金黄，颗粒大	99	20%
汤色（b）	甲	橙黄（橙红）明亮	97	10%
香气（c）	甲	香气纯正，有菌花香，无霉味、杂异味	95	25%
滋味（d）	甲	醇和（浓醇）	95	35%
叶底（e）	甲	色泽黄褐、暗褐	96	10%

第三篇　安化黑茶的保健功效与创新发展

第十章　安化黑茶的保健功效

第一节　茶叶保健作用的发掘

茶的保健功效对人体大有裨益，而且每种茶都有其独特的保健功效。众多史书都曾记载过茶的益处。《神农本草经》中记载道："茶味苦，饮之使人益思，少睡，轻身，明目。"

从华夏先民发现茶叶开始，人们对其保健功效的认识经历了一个漫长的历史时期，人们通过长期的实践慢慢领悟到，茶具有解毒、清火、提神、消食等治病和保健功效。直到中医对茶进行了系统的研究，才有了比较完整的茶医学理论。这一部茶叶保健作用的发掘史，按人类认知水平的提升可大致分为如下三个发展阶段。

一、随机探索阶段

在唐、宋朝时期以前，人们的科技知识水平低下，探索植物对人体的生理作用一般是一个盲目和随机的实践过程。

此发展阶段的主要成果可归纳为以下几点。

（1）发现了茶的药用价值，并积累了大量以茶治病的经验。

（2）茶的利用方式从直接食用鲜叶发展到将鲜叶加工成干茶贮藏，以备后用。

（3）从吃茶治病发展到以治病、预防和保健为目的饮茶。

二、中医对茶医药功能的系统研究

从唐、宋朝时期至20世纪70年代，人们对茶的探索主要是中医对茶的医学功能进行的系统的研究。此阶段，人们对茶的医疗及保健功能进行了较为系统和全面的探索，并对前人的大量实践经验进行了系统的总结。从单方应用为主发展到单方、复方并用，创造了数以千计的含茶中药方剂。服用方法也由单一的煮饮法发展成煮饮、外敷、熏灸、茶枕等多种方式，茶疗、茶膳等茶医药文化由此形成。

三、现代科技对茶医学的研究

1985年以后，茶与健康关系的研究在世界各地广泛开展。研究对象从绿茶扩展到红茶、青茶、黑茶等，近几年来黑茶尤为受科研者的关注。研究内容从茶叶提取物发展到茶叶中的各种内含成分，如茶多酚类、儿茶素、茶多糖、茶氨酸等成分。试验方法有动物模拟试验、临床试验和流行病学调查，还有各种茶叶成分在人体内的代谢动力学研究、药理和生理学研究、毒性试验等。

研究结果证明，茶多酚类具有抗肿瘤、抗衰老等医学功能，以及抗氧化、清除自由基的作用。茶多糖对糖尿病有治疗作用，茶色素（包括茶黄素、茶红素、β－胡萝卜素等）对心血管疾病有治疗作用，茶叶中氟对龋齿的预防和治疗作用等也得到了证实。

第二节　茶叶中主要活性成分

茶叶中的化学物质十分复杂，目前已分离鉴定出500多种化学成分，其中有机化合物450种以上。这些化合物以有机物形态存在的有茶多酚、咖啡碱、茶色素、茶多糖、维生素、氨基酸、芳香物质、纤维素等；以无机物形态存在的有锰、铁、氯、锌、铜、钴、镓、硒等元素。茶鲜叶中主要化学成分及大致含量如表 3-1 所示。

表 3-1　茶鲜叶化学成分含量表（干品）

化学成分	含量 / %	主要组成
蛋白质	25 ～ 35	谷蛋白、精蛋白、球蛋白、白蛋白等
碳水化合物	20 ～ 25	纤维素、果胶、淀粉、蔗糖、葡萄糖、茶多糖等
脂类化合物	8	磷脂、硫脂和糖脂、茶皂素等
茶多酚	18 ～ 36	儿茶素、黄酮、花青素、酚酸
生物碱	3 ～ 5	咖啡碱、可可碱、茶叶碱
氨基酸	2 ～ 4	茶氨酸、谷氨酸、天冬氨酸等
色素	1	叶绿素、胡萝卜素、叶黄素等
芳香物质	0.005 ～ 0.03	醇类、醛类、酸类、酮类、脂类、内酯类等
维生素	0.6 ～ 1.0	维生素 A、B、C、D、E 等
矿物质	3.5 ～ 7.0	钾、磷、钙、镁、铁、锰、硒、铝、铜、硫、氟等

一、茶多酚

茶多酚类是茶树酚类物质及其衍生物的总称，它是茶叶中最重要的成分之一。茶多酚包括黄烷醇类、羟基 - 黄烷醇类、花色苷类、黄酮类、黄酮醇类和酚酸类等 6 类主要成分，其中黄烷醇类化合物的含量最高，占茶多酚总量的 60%～ 80%。

茶多酚类是茶鲜叶中含量最多的可溶性成分，也是茶叶的特征成分之一。它具有抗氧化、清除自由基、杀菌、抗病毒、保护及修复 DNA 等作用，还具有降血脂、抗肿瘤、抗脂质过氧化、增强免疫功能、解毒、抗衰老、抗辐射损伤等作用。

二、茶色素

茶色素是一类物质的总称，一般包括叶绿素、β－胡萝卜素、茶黄素、茶红素等。茶叶中的叶绿素是一种优质的食用色素，具有抗菌、消炎、除臭等作用。β－胡萝卜素则具有维生素 A 的作用，能消除体内自由基、增强免疫力、提高人体抗病能力等。茶叶中的茶黄素和茶红素是由茶多酚及其衍生物氧化缩合而成的产物，它是一种有效的自由基清除剂和抗氧化剂，还具有抗癌、抗突变、抑菌、抗病毒、改善和治疗心脑血管疾病、治疗糖尿病等多种生理功能。研究表明，茶黄素还对肉毒芽孢杆菌、肠杆菌、金黄色葡萄球菌、荚膜杆菌、蜡样芽孢杆菌等有明显的抑制作用。此外，茶黄素对流感病毒的侵袭、轮状病毒和肠病毒的感染也有一定的抑制作用。

三、茶多糖

茶叶中多糖复合物通常被称为茶多糖，它是一类组成复杂且结构变化较大的化合物。它的含量随茶叶原料的老化而增多，黑茶中茶多糖含量是绿茶的 2 倍以上。茶多糖具有降血糖、降血脂、防辐射、抗凝血、增强机体免疫功能、抗氧化、抗动脉粥样硬化、降血压和保护心血管等功能。黑茶中的茶多糖复合物含有糖苷酶、蛋白酶、水解酶，在这些物质的作用形成了长度相对较短的糖链和肽链，短肽链较长肽链更易被吸收，且生物活性更强，这可能就是发酵茶尤其是安化黑茶茶多糖降血糖效果优于其他茶类的原因之一。

四、茶氨酸与 γ－氨基丁酸

茶叶中已被发现并鉴定的氨基酸有 26 种，与茶叶保健功效关系最密切的氨基酸是茶氨酸和 γ－氨基丁酸。

研究表明，茶氨酸可促进神经生长和提高大脑功能，从而增进记忆力和学习能力，并对帕金森病、老年痴呆及传导神经功能紊乱等有预防作用，还能够降躁安神，明显抑制由咖啡碱引起的神经系统兴奋，因而可改善睡眠；另具有保护人体肝脏、增强免疫功能、改善肾功能、调节肠道菌群、延缓衰老等功效。

γ－氨基丁酸是一种非蛋白质氨基酸，具有显著的降血压效果，它主要通过扩张血管维持其正常功能，从而使血压下降，故可用于高血压的辅助治疗。

它还有改善大脑血液循环、增加氧气供给、改善脑细胞代谢的功能，有助于治疗脑中风、脑动脉硬化后遗症等。

五、生物碱

茶叶中的生物碱主要包含咖啡碱（又称咖啡因）、可可碱和茶碱等成分（表 3-2），其中咖啡碱含量最高，三者都属于甲基嘌呤类化合物，是一类重要的生理活性物质，也是茶叶的特征性物质之一。

表 3-2　茶叶中的生物碱成分

名称	含量 / %	药理作用			
		兴奋中枢	兴奋心脏	松弛平滑肌	利尿
咖啡碱	2 ～ 4	+++	+	+	+
可可碱	0.05	++	+++	+++	+++
茶碱	0.002	+	++	++	++

注：+ 号表示有药理作用，+ 号越多表示作用越强。

目前学界对茶叶中咖啡碱的研究结果表明，适量摄入咖啡碱可以兴奋神经中枢、促进血液循环，并具有抗癌功效。当然咖啡碱也存在一定负面作用，主要表现在晚上饮茶会影响睡眠，对神经衰弱及心动过速者有不利影响。但黑茶中咖啡碱含量远低于其他茶类，所以说喝黑茶一般不会引起失眠。

六、茶皂素

茶皂素是一类由皂苷元、糖和有机酸组成的结构复杂的化合物，属于五环萜类化合物的衍生物。

茶皂素具有表面活性作用、溶血作用、降胆固醇作用、抗生育作用、镇静活性（抑制中枢性镇咳、镇痛等）、抗癌以及降血压作用等。

第三节　黑茶的保健功效

对于黑茶的作用，我国古代已有清代医学家赵学敏所著《本草纲目拾遗》中描述黑茶：“出湖南，粗梗大叶，须以水煎或滚汤冲入壶内再以水温之始出味，其色浓黑，味苦中带甘，食之清神和胃，性温味苦微甘，下膈气消滞去寒辟。”黑茶清热解毒、解油腻、通便、祛风解表、止咳生津等功效早已得到了古人的认同。现代人生活、饮食品质飞速提升，对黑茶功效的研究也越来越广泛，近年来，由于黑茶在减肥、抗癌、降三高等方面的突出功效被发掘出来，其受到更多消费者的关注与青睐，社会学调查及相关研究结果表明，常饮黑茶有以下具体保健功效。

一、调理身体健康

随着现代人生活质量的飞速提高，肥胖症、高血压、糖尿病、高血脂、痛风症等“都市文明病”越来越频发。统计发现，“三高”在中青年阶层中的比例已经达到了近 20%，还有高达 26%的人群则处于临界状态。

当人类尽情享受现代文明带来的种种便利与好处时，“都市文明病”却成了悬在每个人头顶的一把利剑，威胁着越来越多人的健康。如何才能减少都市文明病给现代人健康造成的隐患呢？人们都在寻找着种种办法，以期不被这些疾病所“光顾”。

人们注意到，边疆各少数民族长期以来一日三餐都以牛羊肉、奶酪和主食为主，很少吃新鲜的蔬果，尤其在寒冷的冬季，但是他们却很少出现三高症或消化不良等问题，这是为什么呢？研究发现，其中的关键就在于他们每天所喝的黑茶。

黑茶所富含的维生素、矿物质、氨基酸、咖啡因等多种营养成分，不仅是一种非常重要的营养物质补充来源，同时有着助消化、解油腻等功效，更有着一些特殊的中医药理功效。因此，西藏、新疆等边疆地区一直有“腥肉之食非茶不消，青稞之热非茶不解”“宁可三日无米，不可一日无茶”“一日无茶则滞，三日无茶则病”等说法；甚至，他们将煮过的茶渣给马吃，马也会精神得多。

与此同时，现代医学研究也发现，黑茶正因为原料较为粗老，所以其中含有许多嫩叶中不具备或含量很低的营养成分，如茶多糖、茶单宁等，其养生保健功效也因而更明显，有补充营养素、解油腻、助消化、杀菌消炎、清除体内垃圾和毒素、降脂减肥、降压降糖、软化血管、抗氧化、抗衰老、抗癌、抗突变等多种作用，对于受各种健康问题困扰的现代人来说，是一种非常好的调养身体的健康饮料。随着现代人饮食中肉食、奶类的增加，再加上饮食过度精细化，黑茶调理身体健康的作用越发突出。

二、美容养颜、延年益寿

黑茶中含有很多有益的营养成分，经常饮用，不仅可以美容养颜，还可延年益寿，黑茶中具美容养颜、延年益寿功效的活性成分如表 3–3 所示。

表 3–3　黑茶中具美容养颜、延年益寿功效的活性成分

成分	主要作用
茶多酚	抗氧化，清除氧自由基，紧肤，延缓衰老；防止色素沉积，除斑美白；抑制脂肪吸收，减肥；抗菌、消炎、抗过敏；抑制体癣，消除粉刺、湿疹、痱子等皮肤病
类胡萝卜素	抗氧化，延缓衰老
维生素 C，维生素 E	防止色素沉积，除斑美白，抗氧化，延缓衰老
B 族维生素	维持皮肤、毛发、指甲的健康生长
亚麻油酸	维持皮肤、毛发的健康生长
锌	维持指甲、毛发的健康
有机锗、硒	延缓衰老，提升机体免疫力
咖啡因	清洁皮肤，预防粉刺等皮肤病；消除浮肿、提升皮肤的紧致度

三、清除体内垃圾、减肥瘦身

黑茶富含膳食纤维，有调理肠胃的功能；又因富含益生菌和茶多酚等成分，故对人体内脏具有特殊的净化功能，可以吸附体内的有毒物质并将其排出体外，起到深层排毒的作用。黑茶在韩国被称为“瘦身茶”，在日本被称为“美容茶”，这是因为黑茶可以很好地清除腹部的赘肉脂肪，从而起到减肥瘦身的作用。黑茶中清除人体垃圾、减肥瘦身功效的活性成分如表 3–4 所示。

表 3–4　黑茶中具清除人体垃圾、减肥瘦身功效的活性成分

成分	主要作用
茶多酚	促进脂类物质排出，提高蛋白质激酶的活性，加速脂肪分解，降低体内脂肪的含量
纤维素	产生饱腹感，减少热量吸收；缩短食物在肠道内的停留时间，减少营养物质的吸收；降低胰脏消化酶的活性，减少糖、脂肪等物质的积蓄
茶皂素	抑制脂肪酶的活性，减少肠道对食物中脂肪的吸收；调节血糖含量，降低胆固醇含量，减少致肥胖因素
茶氨酸	降低腹腔、血液和肝脏中的脂肪及胆固醇浓度

四、抗辐射

在我国拉萨，太阳光线的辐射量是北京的 50 倍以上，但整个青藏高原皮肤癌患者的数量却远低于低海拔地区皮肤癌患者的数量，究其原因，当地人长期饮茶起到了非常关键的作用。而黑茶也具有良好的抗辐射功效。

黑茶之所以有较好的抗辐射功效，主要原因有以下三点。

首先，黑茶中含有丰富的茶多糖，且其含量在各类茶叶中是最高的，茶多糖可以增强人体免疫力，且有明显的抵御放射性伤害、保护造血功能的作用。

其次，黑茶中富含硒。硒能刺激免疫蛋白及抗体的产生，增强人体对辐射和疾病的抵抗力。

最后，黑茶中的儿茶素类化合物可以吸收 ^{90}Sr 和 ^{60}Co 等放射性物质，防止其在体内扩散，并将其迅速排出体外，是名副其实的“辐射克星”。

随着现代科技的快速发展，人们接触电磁辐射的机会、时间都在增多，

辐射对人体的危害也越来越大。在平时的生活中，多喝一些黑茶可以预防、减少辐射给身体带来的危害。

五、清血管、降三高

高血脂、高血糖、高血压，俗称“三高”，是心脑血管病的罪魁祸首。目前人群患病范围扩大化、年轻化的趋势越来越严重，成人高血压患病率为18.8%，高血糖患病率为16%，高血脂患病率为18.6%。

黑茶中的茶多酚、茶单宁、茶碱等成分在发酵过程中生成了多种对人体有益的物质，具有良好的降解脂肪、抗凝血、促纤维蛋白原溶解和抑制血小板聚集的作用，还能使血管壁松弛，增加血管的有效直径，从而抑制主动脉及冠状动脉内壁粥样硬化斑块的形成，起到降低血压、软化血管、预防心血管疾病的作用。黑茶中具清血管、降三高功效的活性成分如表3-5所示。

表3-5　黑茶中具清血管、降三高功效的活性成分

成分	主要作用
茶氨酸	活化多巴胺能神经元，抑制血压升高
茶色素	软化血管，清除血管壁内的粥样物质
茶多糖	有类似胰岛素的作用，能降低血糖含量
茶多酚	溶解脂肪，促进血管内脂类物质排出，降低血液中胆固醇的含量
类黄酮物质	使血管壁松弛，增加血管的有效直径，降低血压
咖啡因	舒张血管，使血压降低

六、防治痛风

机体的蛋白质、脂肪代谢会分解产生嘌呤，嘌呤在肝脏中合成尿酸，这种废弃物大部分通过肾脏排泄，还有一部分通过肠道及汗腺排出，如果尿酸排泄不良或者尿酸量过多时，就会产生痛风。

黑茶是弱碱性饮品，pH为7左右，且含有丰富的纤维素和生物碱。其中纤维素可以中和尿酸，促使尿酸排出；生物碱不仅有强大的利尿作用，还可以舒张肾血管，使肾脏血流量增加，使肾小球过滤速度增加，抑制肾小管对

尿酸的再吸收。

七、防治骨质疏松

骨质疏松是全身骨骼成分减少的一种现象，主要表现为单位体积中骨组织稀疏，骨矿物质和骨基质随年龄的增加而减少。黑茶中含有丰富的油酸、亚油酸等防治骨质疏松必需的脂肪酸，同时还含有大量的氟，氟能够在机体中与钙合成氟钙化合物，对密质骨的合成极为重要。所以，适当饮用黑茶可以起到一定预防骨质疏松的作用。

八、防癌抗癌

黑茶有着比较明显的抗癌作用，其中的抗癌成分主要是茶多酚，其抗癌原理为：茶多酚可直接杀伤癌细胞，同时还能提高机体的免疫功能，双重作用共同达到防癌抗癌目的；茶多酚的抗氧化活性可以清除自由基，从而起到防止细胞癌变的作用；茶多酚能干扰致癌物与细胞 DNA 的结合，抑制细胞突变；茶多酚可以阻断 *N*– 亚硝基化合物的合成，起到抗癌作用；茶多酚可以抑制促发肿瘤酶类的活性，同时促进抗癌活性酶的活性；茶多酚能与体内其他抗癌物质产生协同作用，增强抗癌能力；茶多酚能中和食物中的亚硝胺和黄曲霉素等致癌物质，从而起到抗癌的作用。

此外，茶多酚的主要成分 EGCG 几乎是所有癌症的克星，特别对子宫癌、肺癌、皮肤癌、肝癌、乳腺癌、肾癌、前列腺癌、结肠癌等有着独特的辅助疗效。此外，茶叶中丰富的维生素 C 和维生素 E 也有辅助抗癌的功效，能与茶多酚等物质协同作用，达到防癌抗癌的目的。

九、抗高原反应

机体氧的供给和代谢主要是通过红细胞来完成的，其中血红蛋白的携氧能力及运输状态是氧代谢的关键。青藏高原高寒缺氧的环境，易导致机体氧代谢过程中血红蛋白携氧量低、红细胞的生成和运输能力下降，进而影响全身各系统的正常运转，使人体出现头晕、恶心、胸闷等高原缺氧症状。黑茶抗高原反应作用的主要原理如下。

（1）补充红细胞营养。黑茶中丰富的蛋白质、矿物质及各种维生素，为红细胞的生长和发育提供了重要的营养元素，提高了红细胞的生理功能以起到抗高原反应的作用。

（2）改善血液循环。黑茶中丰富的茶多糖，有助于保护造血功能、抗凝血、减少血小板凝集，同时还可提高纤溶酶的活性、降低总胆固醇及低密度脂蛋白胆固醇、提高血细胞的悬浮稳定性、降低红细胞沉降率，从而改善血液循环、保护心血管系统、提高红细胞的运氧能力。

（3）富含硒类物质。硒类物质能激发免疫及抗体产生，有效地减少血红细胞脂质过氧化损伤，提高血红细胞的携氧功能，保护高铁血红蛋白还原酶和红细胞膜的完整性，进一步提升人体对高原反应的抵抗力。

十、黑茶的其他功效

除上述功效外，黑茶还有很多其他功效，概括如下。

黑茶中的多种生理活性成分有杀菌消毒的作用，且能形成抗菌层，因而有去除口腔异味、保护牙齿的作用。

黑茶中的咖啡碱、维生素、氨基酸、磷脂等有助于人体消化，调节脂肪代谢，咖啡碱的刺激作用更能提高胃液的分泌量，从而协助消化。

黑茶中的儿茶素、茶黄素、茶氨酸和茶多糖，尤其是含量较多的类黄酮等物质都具有清除自由基的功能，从而起到抗氧化、延缓细胞衰老的作用。

黑茶中的茶多酚能促进乙醇代谢，有保护肝脏的作用；此外，黑茶中的咖啡碱有增强血管收缩、利尿的作用，可以促使乙醇快速排出体外，减少醉酒的危害。

黑茶经发酵后，可将新鲜茶叶中对肠胃有刺激性作用的物质转化为具有温胃、养胃作用的成分，并可中和胃内过多的胃酸。

黑茶有消炎抑菌作用，对细菌性痢疾等疾病有较好的辅助治疗作用。

黑茶可改善糖类代谢，有降血糖、防治糖尿病的功效。

将喝剩的黑茶渣集中起来煮水泡脚，可以促进脚部的血液循环，使全身经络更加通畅，冬季还有暖足的作用，对中老年人尤为有效。

综上所述，黑茶具有的保健功效非常多，其中有些功效目前还只是来源于人们的经验与实践。未来在众多学者们的不断努力下，对黑茶保健作用的发掘将会更加深入，可以说黑茶是一座采之不尽、用之不竭的“健康富矿”。

第十一章　安化黑茶创新发展

第一节　现代茶产业发展趋势

2021年5月举办的第四届中国国际茶叶博览会上，中国工程院院士、湖南农业大学学术委员会主任刘仲华教授表示，近年来我国茶产业发展迅速，在全球60多个种茶国家和地区中，中国茶产业规模已是世界第一，茶园面积占全球60%以上，茶叶产量约占全球50%，茶产业总规模超过7 000亿元。

一、产业跨界融合

站在第一大产茶国的基础上，茶行业近年来在茶科技、茶产业、茶文化方面加快探索，讲好茶故事，将茶文化、茶科技、茶产业统筹发展，把中国民族品牌茶叶推向了全球。产业跨界、产业混搭、产业融合的现象在茶行业越来越普遍，同时，随着信息化的广泛开展，营销体系也在革新，茶产业未来可期。

二、全产业链协同创新

我国早已是茶产业强国，但也要看到，尽管我国茶行业2022年产值预计达3 210亿元，从业人员超过7 000万人，却至今仍没有一家真正的主板上市公司，也没有一家市值很高的公司。这是为什么？

刘仲华院士称，当前中国茶产业发展中仍存在产销失衡矛盾凸显、茶叶生产的劳动力成本攀升、茶叶出口规模增速缓慢等问题。解决之道是创新，如茶产业数字化发展、研发符合消费者需求的新产品、创新营销模式。

刘仲华院士认为，未来中国茶产业的生产和管理发展趋势将是茶树品种优异化、茶树栽培生态化、茶叶生产机械化、茶园管理信息化、产业全程标准化。

三、开发精深加工茶衍生产品

传统技艺必须与现代科技融合，企业必须有对成本与价值的双重考虑，才能真正引领行业发展。近年来，年轻人对茶叶的消费需求增强、高端茶产销量增长，推动着行业在更高层面上将新科技融入产业中，突破表面的工艺创新或形式创新。

“茶叶生产要增加技术含量，提高生产过程的机械化、工业化水平”。全国茶叶标准化技术委员会主任委员、中国茶叶流通协会会长王庆表示，要运用互联网大数据精准分析消费者的需求，延伸茶叶的产业链，创新开发茶叶深加工与衍生产品，提高茶叶的综合利用率，培育新型消费群体，打造新的增长极。

第二节　安化黑茶创新技术

近年来，安化黑茶立足传统优势，不断优化产业布局、调整产品结构、转变生产方式，以“黑茶 +”的思路开展跨界融合，着力推进技术创新、产品创新、业态创新、营销模式创新，激发产业新的活力，实现了新的突破。

安化黑茶产业以科技为支撑，坚持创新驱动实现高质量发展，在传承好加工工艺和保护好非物质文化遗产的基础上，弘扬创新精神，大力推进工艺创新和产品创新，提高产品附加值，加快科研成果转化，延伸产业链条。

一、黑茶诱导调控发花技术

黑茶诱导调控发花技术如图 3–1 所示。诱导调控发花产品中的金花菌如图 3–2 所示。

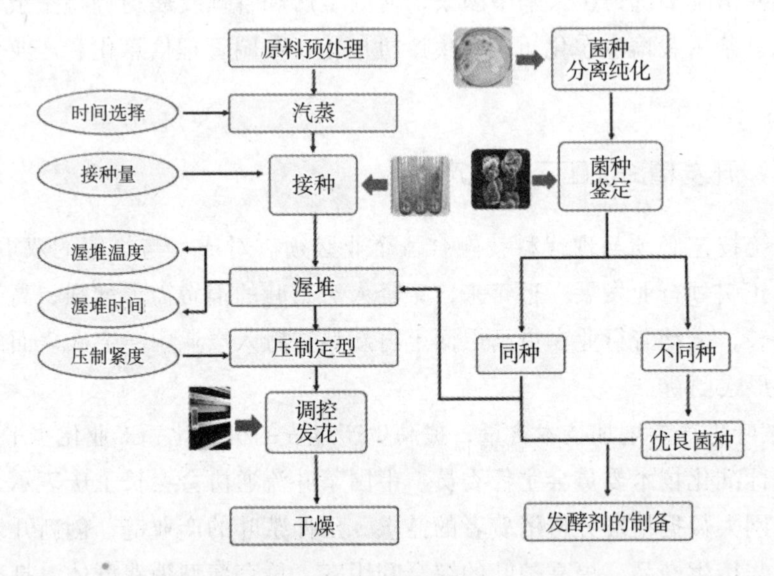

图 3–1 黑茶诱导调控发花技术

图 3–2 诱导调控发花产品中的金花菌

茯砖茶诱导调控发花技术，可使发花周期缩短 3 ～ 5 d，产品“金花”茂密，加工成本降低 30%，产品综合效益提高 50% 以上。

二、黑茶散茶发花和砖面发花技术

黑茶散茶发花和砖面发花技术如图 3–3 所示。散茶发花产品和砖面发花产品如图 3–4 所示。

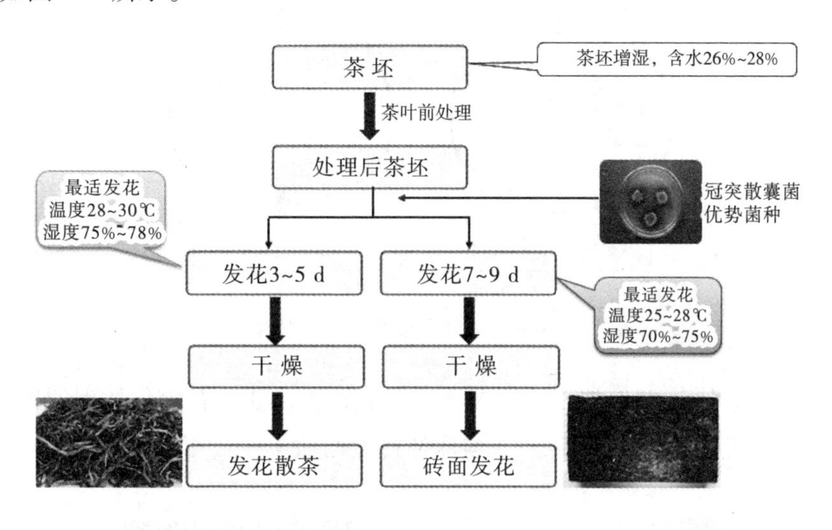

图 3–3　黑茶散茶发花和砖面发花技术

图 3–4　散茶发花产品（左）和砖面发花产品（右）

散茶发花技术、茯茶砖面发花技术突破了散状黑茶不能发花、茯砖茶须紧压才能发花、茯砖茶表面不能发花等技术瓶颈，为黑茶产品的多元化发展提供了技术保障。

三、黑茶品质快速醇化技术

黑茶品质快速醇化技术如图 3–5 所示。

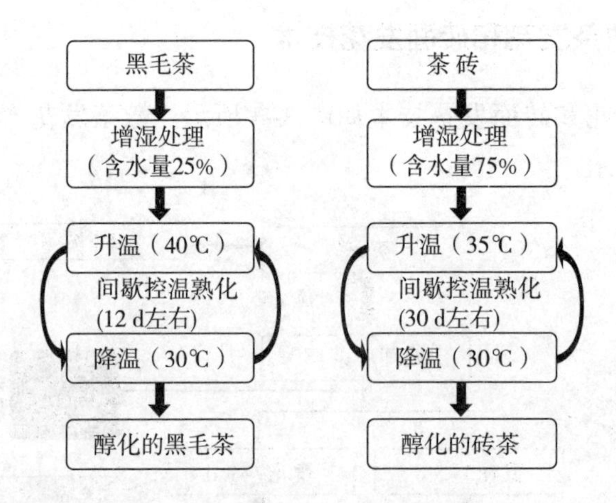

图 3–5 黑茶品质快速醇化技术

黑茶品质快速醇化技术（图 3–6），可让经 12 d 左右醇化处理的黑毛茶、经 30 d 左右醇化处理的茯砖茶，均达到自然贮藏 1 ～ 2 年的品质。

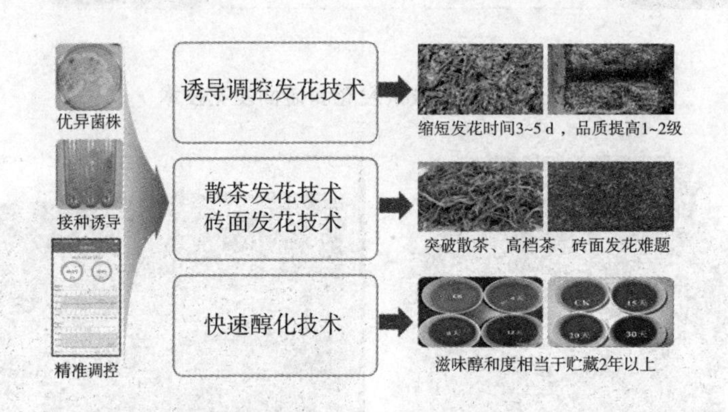

图 3–6 黑茶新型技术的应用

四、茯砖茶高效安全综合降氟技术

茯砖茶高效安全综合降氟技术如图 3–7 所示，茯砖茶高效综合降氟技术的应用如图 3–8 所示。

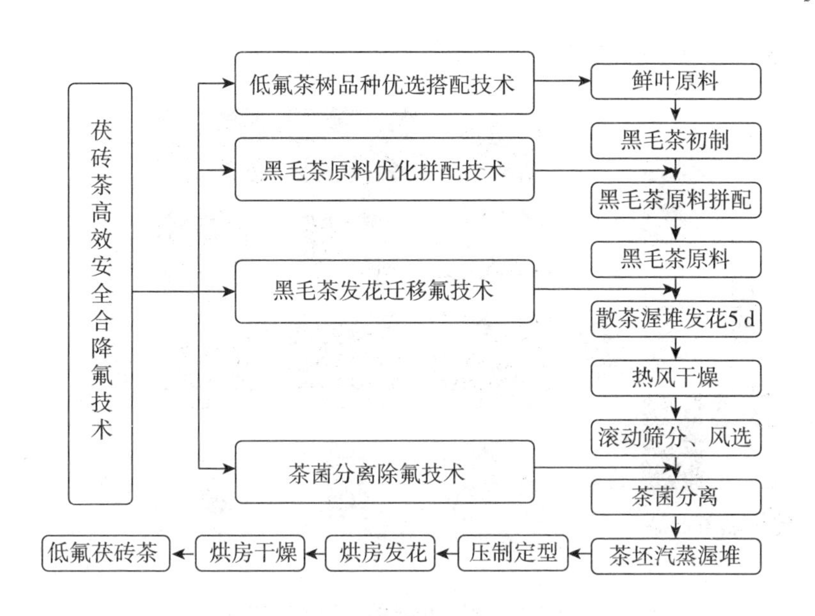

图 3-7　茯砖茶高效安全综合降氟技术

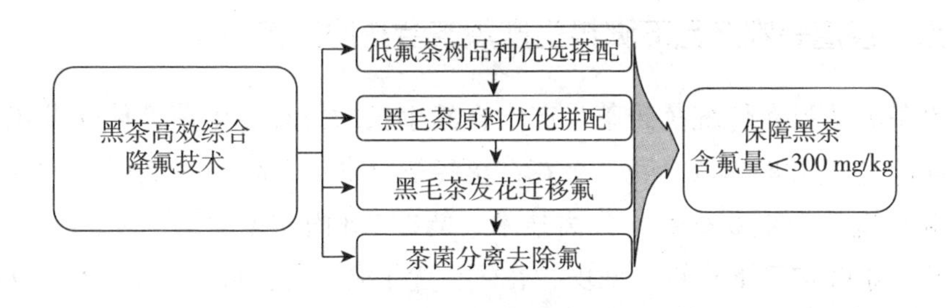

图 3-8　茯砖茶高效综合降氟技术的应用

茯砖茶高效安全综合降氟技术以较低成本实现了对茯砖茶含氟量的控制，研制出了具有14项专利集成的装备系统，使黑茶加工综合效率提高3倍以上，直接加工成本降低50%以上，实现了黑茶加工的清洁化、机械化、连续化和标准化。

五、多元化现代黑茶新产品

随着技术的进步，方便化、高档化、功能化、时尚化的黑茶新产品被创制出来，解决了传统黑茶产品规格单一的问题。目前市面上已经创制了20多种“方便型”“高雅型”“功能型”“时尚型”黑茶新产品，全面提升了黑茶产业的技术、品质、规模和效益，如图 3–9 所示。

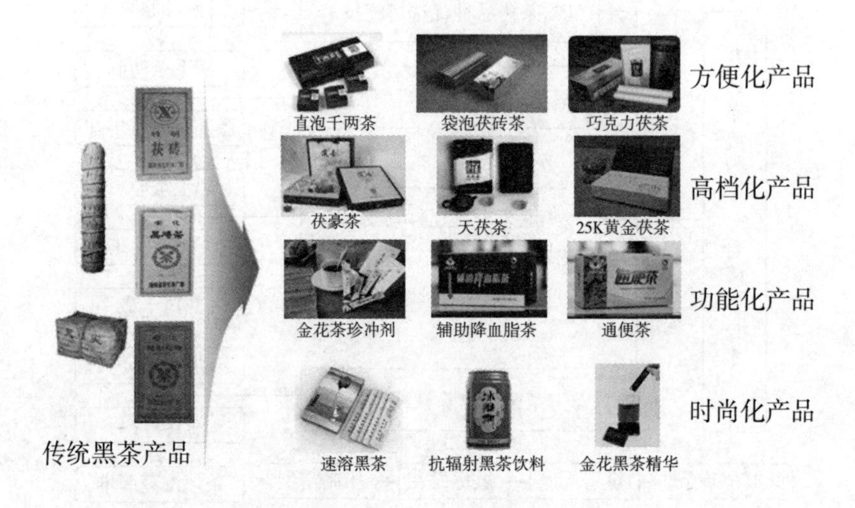

图 3–9　不同种类的新型黑茶产品

六、茶渣等农产品下脚料生产黑茶金花的工艺

黑茶金花指在传统茯砖茶生产中自然生长的特有益生菌，传统发花工艺需经 40 d 左右才能形成金花，金花在茯砖茶中收率极低，一般不到 0.1%。本工艺利用现代微生物培养、分离技术，能在 7 d 内实现对低品质黑毛茶、过期绿茶、茶叶加工下脚料、麸皮、谷壳、莲子壳、花生壳、甘蔗渣、甘蔗皮、荸荠皮等农产品下脚料快速生长金花，金花收率 5% 左右，是传统工艺产黑茶金花收率的 50 倍以上，从而实现对农产品废料的高效再利用。该工艺通过纯化、扩大培养、特殊的产孢工艺制成接种基质，在农产品下脚料中实现快速、丰富发花，经金花分离工艺获得纯品黑茶金花，以为金花菌活性成分的开发提供充分的原料保障。黑茶金花粉如图 3–10 所示。

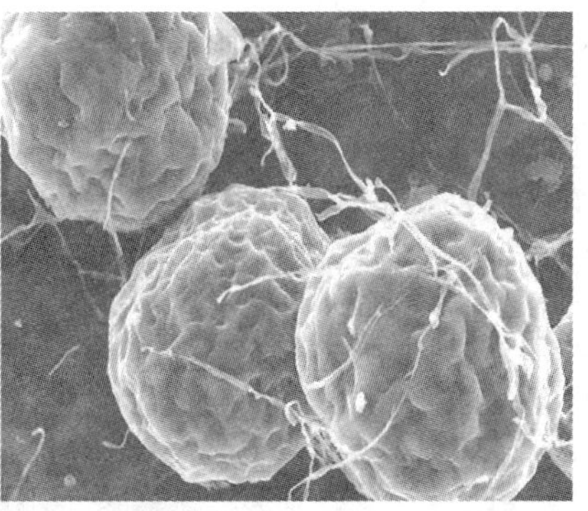

图 3-10　黑茶金花粉

第三节　新型黑茶产品研发

一、黑茶金花新型产品——金花茶膏

金花茶膏（图 3-11）是经精控发酵、陈化、浸提、浓缩、喷雾干燥等工序制成的一种速溶茶产品。金花茶膏较大程度地保存了黑茶与金花菌中的活性成分，且便于携带与冲泡，亦可用于进一步加工黑茶胶囊、黑茶片剂等保健食品。

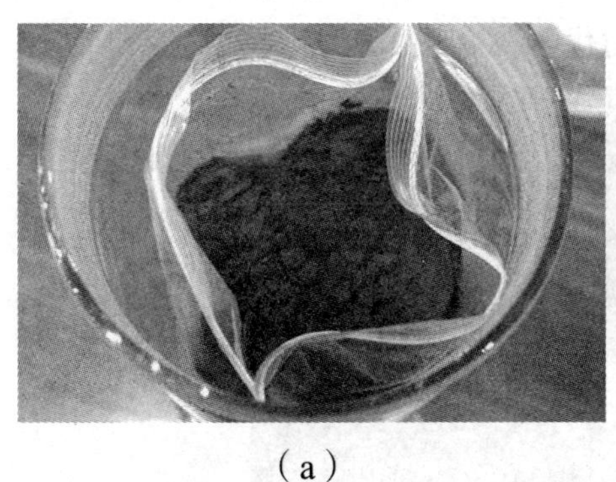

（a）

（b）

图 3-11　黑茶金花新产品——金花茶膏

二、黑茶金花新型产品——金花白酒

金花白酒（图 3–12）是通过在白酒中添加从金花菌中提取的活性成分，并进行陈化处理后制成的一种酒。金花白酒具有降脂、调理肠胃等保健功效，并能增强肝脏的解酒能力以减少酒精对人体的损害，显著降低醉酒后恶心、头疼等生理反应。金花菌中提取的天然色素亦可使酒液呈现良好的色泽，使产品更具有竞争力。

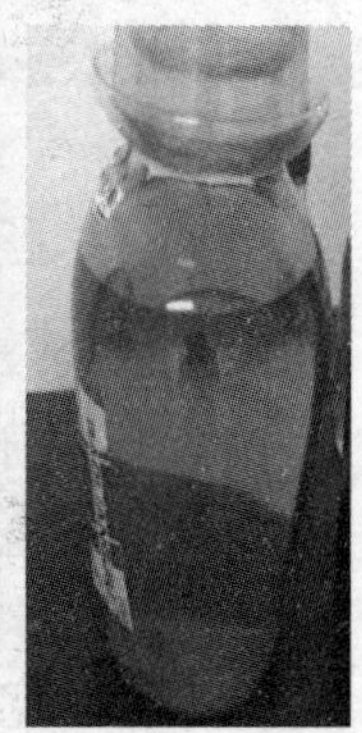

图 3–12　黑茶金花新产品——金花白酒

三、黑茶金花新型产品——金花啤酒

金花啤酒（图 3–13）是通过在啤酒中添加从金花菌中提取的活性成分，使啤酒具有降脂、调理肠胃等保健功效，并能增强肝脏的解酒能力以减少酒精对人体的损害，显著降低醉酒后恶心、头疼等生理反应。金花啤酒的贮存稳定性实验结果显示，其耐贮存能力优于普通啤酒。

图 3–13　黑茶金花新产品——金花啤酒

四、黑茶金花新型产品——金花面膜

金花面膜（图 3–14）中添加了多种由金花散茶中提取的具有护肤作用的活性成分。产品中所含茶多酚能有效抗氧化，清除自由基，延缓皮肤胶原蛋白及弹力蛋白的流失，让肌肤自我修复能力提高，并抑制黑色素的形成。金花菌脂多糖则能促进受破坏的胶原蛋白代谢，促进肌肤恢复弹性。该面膜长期使用可显著延缓皮肤细胞衰老，使肌肤变得细嫩。

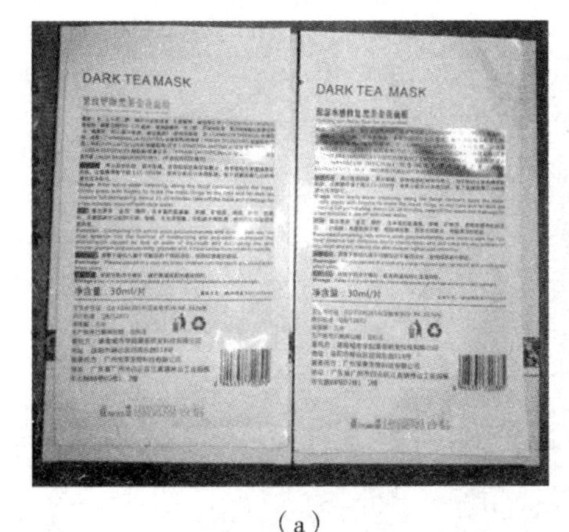

（a）

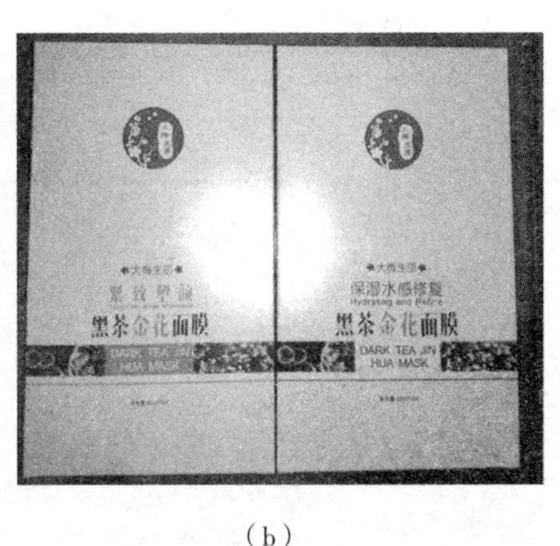

（b）

图 3–14　黑茶金花新产品——金花面膜

第四篇　安化黑茶的瑰宝——金花菌种质资源探究

金花菌进入人类的历史和我国古代劳动人民的勤劳与智慧是分不开的。早自汉代，边区就萌发了茶叶贸易，当时的茶商将从内地收购的茶叶沿丝绸之路销往西北各地乃至中西亚各国。在漫长的集散、加工、转运岁月中，茶商在不经意情况下偶尔发现茶叶中长出了金黄色颗粒，而这些长有金黄色颗粒的茶叶口感甘醇而不涩，品质大为提高。茶人们总结“金花”出现的条件，经过不断的探索，终于在明洪武元年（1368 年）前后，将控制“金花”在茶叶中生长的工艺确定了下来，并一直沿用至今，金花菌发酵茯砖茶的工艺流程如图 4–1 所示。从此，金花菌就和黑茶牢不可分地结合在了一起。“茶好金花开，花多茶质好”，金花的含量也逐渐成为边区人民衡量黑茶品质的重要标准。现代研究表明，金花菌分泌的酶系可促进茶叶内含成分转化并改善产品香气、滋味 [1–2]，此外，金花菌还能代谢产生具降脂减肥 [3–5]、降糖 [6–7]、抗氧化 [8] 等功效的化合物，在茶叶深加工、真菌活性产物开发 [9] 等方面具有重要价值，现已成为资源微生物领域研究的热点。

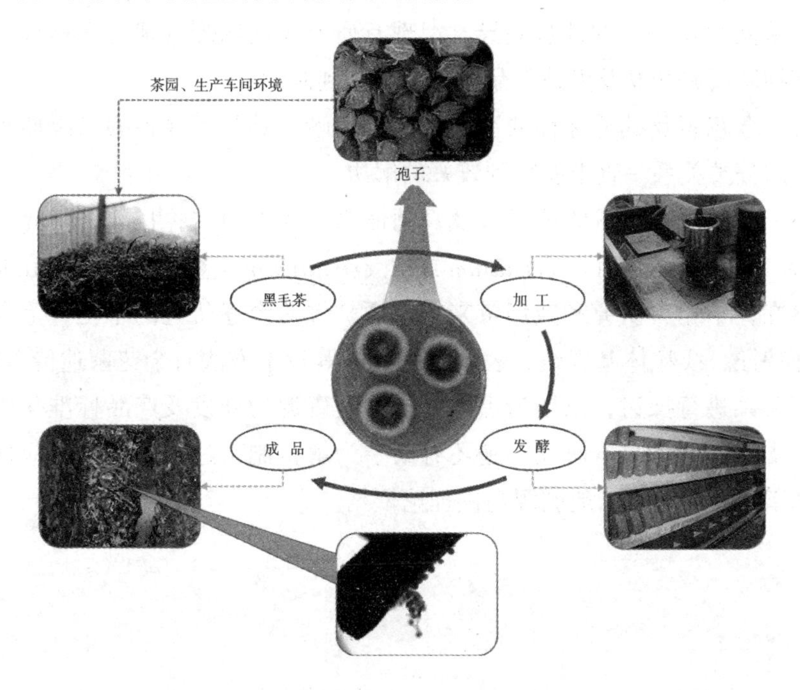

图 4–1　金花菌发酵茯砖茶工艺流程

过去，由于技术水平的限制，金花菌的用途主要局限于茯砖茶的制备，近年人们又成功开发出利用金花菌加工的“金花散茶”[10]“金花花卷茶”[11]“轻压茯砖茶”等新型黑茶产品，以及其他类型的植物发酵饮料[12-13]，有效扩展了金花菌的应用途径，金花菌具有良好的市场前景。对金花菌保健价值的发掘促进了消费市场快速发展。2019 年，黑茶产量达 37.81 万 t，同比增长了 18.6%[14]。此外，金花菌对生长环境条件要求不高，少量资金、设备的投入便可进行其发酵产品的生产，对推动茶叶加工及关联产业人员创业增收、发展黑茶产业具有重大意义。

作为重要的微生物资源，金花菌在茶叶深加工及真菌活性产物开发等方面具有巨大的应用潜力，与其相关的食品及保健产业发展迅速，然而与金花菌种质资源相关的研究则较为薄弱，主要包括以下几个方面：

（1）金花菌种内遗传多样性问题，我国黑茶产区遍布湖南、湖北、陕西、贵州等多个省份，环境差异与地域隔离，以及发酵过程中的人工选择都可能推动金花菌种群进化，产生不同的基因型甚至亚种，相关研究已发现不同金花菌株系间存在一定的性状差异，但现有研究无法明晰其遗传多样性，因此金花菌种质资源开发及黑茶产品质量控制受到制约；

（2）金花菌及其近缘种的遗传结构不清晰，其与近缘种假灰绿曲霉、谢瓦曲霉的分类关系一直未能得到较好的解决；

（3）由于研究技术的革新以及真菌命名法规的更迭，目前，学界对金花菌的命名存在争议，用 *E. cristatum* 或 *A. cristatus* 定义金花菌的情况在业界仍普遍存在，给相关研究和应用带来了不便。针对上述研究的不足，笔者拟通过生理特征、线粒体基因组、表达序列标签等技术方法对金花菌遗传多样性、种属间关系进行探讨，以期为黑茶发酵种质资源的开发及产品标准化生产提供技术支撑，此外，本研究实施还有助于为解析制茶过程中菌群适应性分化以及基于菌种的黑茶产地溯源提供理论依据。

第十二章　金花菌及其种群概况

第一节　金花菌的鉴定及分类

鉴于金花菌的重要地位，我国学者对其研究起步较早，1941年，徐国祯[15]首次对安化茯砖茶内分离出的一株金花菌进行分析，将其鉴定为灰绿曲霉群（*Aspergillus glaucus* group），初步揭开了金花菌的神秘面纱。此后直至20世纪末的数十年内，许多学者依据以形态学鉴定为主的手段对金花菌进行了研究。在这一阶段里，邓冠云[16]、胡建程[17]、胡月龄[18]等学者与徐国祯的观念一致，继续沿用了“灰绿曲霉”这一命名；仓道平[19]、梁晓岚[20]、刘作易[21]等学者则提出了不同看法，认为金花菌属于谢瓦曲霉（*Aspergillus chevalieri*）或谢瓦曲霉间型变种（*Aspergillus chevalieri* var. intermidius）。

1990年，齐祖同等[22]对金花菌的命名及其在国内的分布情况进行了探讨，依据有性孢子“冠状突起”这一显著特征，首次将金花菌命名为冠突散囊菌（*Eurotium cristatum*），无性型则被命名为小冠曲霉（*Aspergillus cristatellus* Kozak），异名针刺曲霉（*Aspergillus spiculosus* Blaser），并在之后出版的《中国真菌志·第五卷：曲霉属及其相关有性型》[23]上沿用了这一结论。此后，还有更多学者基于形态学、分子生物学、蛋白质谱等方法进一步对金花菌进行了鉴定[24-26]，大部分研究基本认同将金花菌归类于散囊菌属（*Eurotium*）——冠突散囊菌（*Eurotium cristatum*）这一结论，这也是目前业界使用较多的名称。

但是，对金花菌的鉴定并未落下帷幕，随着技术方法的变革和分类标准的更迭，一些学者对以“冠突散囊菌”命名金花菌的观念提出了质疑，认为应将冠突曲霉（*Aspergillus cristatus*）作为金花菌的正确种名。2008年，Peterson等[27]利用4个不同位点构建的多基因系统树分析曲霉属进化关系，认为散囊菌属与曲霉属曲霉组应属于一个单系的类群。Hubka等[28]在Peterson的基础上，基于菌体特征、β－微管蛋白、钙调蛋白基因、ITS序列、rDNA–LSU和RNA聚合酶Ⅱ基因序列等，并根据第18届国际植物大会所达成的“One Fungus=One Name（一个真菌一种名称）”共识[29]，认为应将散囊菌属的17个菌种移入曲霉属。更多研究者也在此基础上进一步对金花菌进行了鉴定[30–32]，并支持使用冠突曲霉作为金花菌的名称。

统计近年与金花菌鉴定相关的报道，如表4–1所示，可知在众多学者的努力与推动下，金花菌的分类学研究得到了快速发展，但目前对其种名的划分仍存在争议，给相关研究与应用带来较大不便，如中国普通微生物菌种保藏管理中心（CGMCC）与中国农业微生物菌种保藏管理中心（ACCC）分别使用的是*A. cristatus*和*E. cristatum*的名称；中国工业微生物菌种保藏管理中心（CICC）则是两种名称均有使用；NCBI、UNITE等数据库中上传的菌种信息资源也是两种命名共存的现状。虽然研究者分析的菌株来源各异，所用的技术手段亦不尽相同，但对金花菌鉴定结果产生分歧的主要原因是其参考标准的不同，这就说明需进一步完善金花菌的分类标准，采用更多可靠的技术手段对金花菌进行系统分类，以进一步推动其正确分类及命名。

表4–1　不同研究者对金花菌的鉴定结论

时间	主要研究者	主要研究方法	鉴定结论
2011	Xu[33]	菌落形态（M40Y），体视显微镜，电镜，26S rRNA，ITS序列，ITS+LSU rDNA序列，β–tubulin序列，calmodulin序列，RNA polymerase Ⅱ序列	*E. cristatum*
2015	王磊[30]	菌落形态（CZ、CZ20、CYA、MEA、M40Y），光镜，电镜，BenA序列，CaM序列，RNA polymerase Ⅱ序列	*A. cristatus*
2016	胡谢馨[34]	菌落形态（PDA、CA、CA20、CA70），光镜，ITS序列	*E. cristatum*

续　表

时间	主要研究者	主要研究方法	鉴定结论
2016	徐佳[35]	菌落形态（CA），电镜，16S rDNA–ITS 序列	*E. cristatum*
2016	颜正飞[36]	菌落形态（PDA），光镜，ITS 序列	*E. cristatum*
2016	赵仁亮[37]	菌落形态（CZ、CZ20、CYA、MEA），ITS 序列，β–tubulin 序列	*A. cristatus*
2017	Mao[38]	菌落形态（CZA20），光学 / 体视显微镜，电镜，ITS 序列，β–tubulin 序列，calmodulin 序列，ITS+LSU rDNA 序列，RNA polymerase Ⅱ序列	*E. cristatum*
2017	张波[39]	菌落形态（PDA），光镜，18S rDNA	*E. cristatum*
2017	黄浩[24]	菌落形态（PDA），光镜，电镜，ITS 序列	*E. cristatum*
2017	谭玉梅[31]	菌落形态（MYA），光镜，ITS+LSU 序列，β–tubulin 序列、CaM 序列，RNA polymerase I Ⅱ序列	*A. cristatus*
2018	李世瑞[25]	菌落形态（PDA、CZG、M40Y Agar、M40Y、DG18），光镜，ITS 序列，蛋白质谱	*E. cristatum*
2018	严蒸蒸[40]	菌落形态（DG18），光镜，ITS 序列	*A. cristatus*
2019	孟令缘[41]	菌落形态（PDA、CZ），光镜，26S rDNA D1/D2 区，ITS 序列	*E. cristatum*
2019	孟雁南[42]	菌落形态（CZG、CZG20、CZG40、CZ、CZ40、PDA），18S rDNA，ITS 序列	*A. cristatus*
2019	杨瑞娟[43]	菌落形态（YEPD、LB），ITS 序列	3 株 *E. cristatum*，3 株 *A. cristatus*
2019	唐万达[44]	菌落形态（PDA），ITS 序列	*A. cristatus*
2019	Rui[45]	电镜，ITS 序列	*A. cristatus*
2020	张月[46]	菌落形态（PDA），光镜，ITS 序列	*E. cristatum*
2020	雷林超[47]	菌落形态（PDA），电镜，ITS 序列、18S rDNA	*E. cristatum*
2020	管飘萍[48]	菌落形态（PDA、改良 LB），ITS 序列	*A. cristatus*
2020	余烨颖[49]	菌落形态（CZ 培养基），光镜，ITS 序列，BenA 序列	*A. cristatus*

第二节 金花菌及其近缘种

除金花菌命名存在争议外，业界对金花菌这一真菌群体的界定也存有一定分歧，认为“金花菌”不是一种真菌的名称，而是对可在茶叶中生长发酵、并形成金黄色闭囊壳的一类真菌的统称。近年来研究中较多混用“金花菌”这一名称的其他微生物主要包括其 2 个近缘种——假灰绿曲霉（*Aspergillus pseudoglaucus*）、谢瓦曲霉，这 2 种真菌分布环境、菌落特征、孢子形态都和金花菌有着较高的相似度，并且也能通过丰富的胞外酶[50-52]起到对叶的发酵作用，导致三者常在概念上被混淆。如在早期的研究中，金花菌就曾被以假灰绿曲霉、谢瓦曲霉 / 谢瓦曲霉间型变种来命名[19-21]；而假灰绿曲霉、谢瓦曲霉也常在研究中使用“金花菌”这一名称，如，陈云兰[53]从 28 份砖茶样品中分离出 17 株“金花菌”，将其中 2 株鉴定为 *E. chevalieri*（谢瓦曲霉曾用名）；赵仁亮等[37]从浙江地区生产的茯砖茶中分离出“金花菌”G9 和 G10，通过特异性区段 ITS 序列、β-tubulin 序列，将 2 株真菌鉴定为谢瓦曲霉；孟雁南[42]从陕西茯砖茶中分离出的 8 株优势微生物“金花菌”，并通过形态学及 ITS1 序列鉴定出其中一支菌株为谢瓦曲霉；王磊等[30]发现了从广西新品种黑茶中分离出的一株优势微生物“金花菌”，将其鉴定为假灰绿曲霉；龙章德等[54]则在研究中将谢瓦曲霉归为“金花菌”一类。由此可知，金花菌作为重要的资源微生物，其属于单系类群还是一类真菌的统称，业界仍持有不同看法，其与近缘种假灰绿曲霉、谢瓦曲霉的具体差异及系统分类问题也未能较好地解决，这给菌种管理及生产应用带来了一定的不便。因此，进一步推动金花菌及其近缘种系统分类学及生理特性的研究，明晰其种群差异及种质优劣，对于黑茶发酵优势菌种的管理及种质资源开发是十分必要的。

第三节　金花菌遗传多样性

学者以往对金花菌的分类研究主要集中在其种间关系上，较少关注金花菌的种内多样性，而与其生理特性、发酵工艺、代谢产物等相关的研究通常是将金花菌作为单一类群加以探讨，较少考虑不同类群菌株之间的差异。我国黑茶生产始于明代[55]；产区至今已遍布湖南、湖北、陕西、贵州等多个省份，环境差异与地域隔离，乃至发酵过程中的人工选择都可能推动金花菌种群进化，产生不同的基因型甚至亚种。黑茶是一种高度依赖微生物的食品，菌种的差异会影响品质，因发酵异常引发的产品质量问题仍时有出现，严重制约了“黑茶扶贫”与产业发展。因此，弄清楚金花菌遗传多样性，了解其基因型与生理性状之间的关系，是选育优良菌种、提升黑茶产品质量、实现标准化生产的重要前提。

一些研究者发现，从不同黑茶样品中分离得到的金花菌并非生理性状完全一致的菌群，对此开展的一系列研究初步证实了金花菌遗传的多样性，如表 4–2 所示。但现有研究存在着一定局限，具体如下：

（1）菌株所表现的培养特征受环境因素影响，存在基因表达不一致的现象，使形态学鉴定的结果不稳定；

（2）显微结构上的差异一般只存在于菌种间，无法进行种内单位的甄别；

（3）所用的分子标记序列（如 ITS、18S rDNA 等）相对保守，能提供的系统发育学聚类信息较少，尤其对于种内单位的区分较为困难。

基于此，目前还有待利用更准确、分辨率更高的分子标记方法，为金花菌遗传多样性的鉴定提供科学依据和技术参考。

表 4-2　金花菌遗传多样性的相关研究

时间	主要研究者	菌种来源	主要研究方法	主要结论
2011—2012	胡治远[56-57]	不同产区黑茶中分离的金花菌	菌落形态、生长特性、显微结构、18S rDNA	除部分优势菌与模式菌株完全一致外，其余菌株在菌落形态、显微结构上存在一定差异，推测黑茶中金花菌存在适应性分化
2013	许永立[58]	4 株不同类型的金花菌	4 株金花菌发酵的黑毛茶主要成分差异	4 株金花菌发酵的茶叶产品理化指标存在差别，其中 EGCG、茶氨酸、茶多酚的含量差异较为显著
2014	刘石泉[59]	从 4 个省区筛选的 5 株金花菌	随机扩增多态性 DNA 标记	差异较大的 G13 与其余 4 株菌遗传距离 > 10，遗传相似系数 < 62.96%；差异最小的 G15 与 G19 遗传距离 > 2，遗传相似系数< 92.59%，推测金花菌存在不同的生态适应类型
2014	王文涛[60]	从 3 个省区筛选的 5 株金花菌	拮抗实验、ITS 序列、酯酶同工酶	ITS 分析结果显示：5 个菌株聚为 2 支；酯酶同工酶分析结果显示：在相异系数为 0.75 时，5 株菌株在系统树上分为 4 小支，推测金花菌存在亚种
2016	赵仁亮[37]	从 3 个省份黑茶样品中分离的 13 株金花菌	形态学、ITS 序列、β-tubulin 序列	部分菌株形态特征存在一定差异，以 BenA 基因序列构建的系统发育树聚在了不同分支上，推测金花菌存在亚型
2018	王亚丽[61]	从 10 家企业产品中分离的 18 株金花菌	形态学特征、酯酶同工酶酶谱	酯酶同工酶酶谱构建的系统发育树显示：在相似水平为 77% 时，18 个菌株可分为三种不同类型
2019	王昕[26]	从湖南益阳地区黑茶中分离的 33 株金花菌	形态学特征、ITS 序列	ITS 特异性区段序列构建的系统发育树显示：9 株金花菌与模式菌株相似度在 99% 以上，其余 24 株菌则存在着不同程度的差异

第十三章　基于生理性状的不同来源金花菌及近缘种差异分析

我国黑茶产区分布于湖南、湖北、陕西、贵州等多个省份，环境差异、地域隔离以及发酵过程中的人工选择都有可能推动金花菌群体遗传结构分化，产生不同的基因型甚至亚种，个体基因的变化有可能表现为形态上的改变。因此，对不同群体的形态多样性进行研究是阐明金花菌遗传多样性的重要前提。真菌的形态学标记主要包括菌落形状、颜色、生长速度等要素，形态学标记法操作简单，易于重复，可快捷地识别形态特征较为典型的真菌。虽然该标记方法存在着一些不足，如灵敏度不高、鉴别过程具有一定主观性、真菌表型易受到营养与环境影响而发生改变等，但特定培养条件下的生理特征仍可有效反映真菌的遗传差异。此外，当试验样品数目较大时，通过形态学初筛可有效降低后续工作量，并对复筛的结论进行佐证。

利用形态学标记对黑茶中金花菌遗传多样性进行考察，从湖南、湖北、浙江、陕西、广西、贵州 6 个生产黑茶的省份采集样品并分离其中优势微生物金花菌，分析不同株系的形态特征，以初步了解金花菌群落之间的遗传差异。在形态学初筛的基础上，选取表型差异较大的金花菌作为代表性菌株，同时与近缘种假灰绿曲霉、谢瓦曲霉进行对比，探讨显微结构、胞外酶活性、发酵能力等方面的差别，以明晰金花菌种内、种间单位的生理性状差异，并在此基础上对不同株系的发酵潜力、种质资源优劣进行探讨，为黑茶发酵优良菌种的选育提供理论依据。

第一节　材料与方法

一、试验材料

（一）茶叶样品

从湖南、湖北、浙江、陕西、广西、贵州6个省份广泛采集样品，样品种类包括不同企业、单位制作的黑茶产品、毛茶原料等。

发酵试验所用毛茶原料为益阳市安化县黄沙坪镇茶园2017年生产的黑毛茶。

（二）供试菌株

金花菌JH1805[62]、假灰绿曲霉HL1 801（*A. pseudoglaucus*）、谢瓦曲霉XW1803（*A. chevalieri*）由黑茶金花湖南省重点实验室提供。

（三）培养基

据以往研究，金花菌在察氏培养基、麦芽汁培养基、察氏酵母培养基、马铃薯培养基、淀粉培养基上均可生长，但其在马铃薯培养基上生长速度较快，且形成的菌落各部位特征较为鲜明[56-63]，为便于各株系之间的比较，本试验选用2种马铃薯培养基作为金花菌形态学初筛使用。

（1）马铃薯葡萄糖培养基（PDA）：马铃薯200 g/L、葡萄糖20 g/L、琼脂粉20 g/L；

（2）改良马铃薯蔗糖培养基（改良PSA）：马铃薯300 g/L、蔗糖80 g/L、NaCl 5 g/L、酵母膏5 g/L、琼脂粉20 g/L；

（3）20%蔗糖察氏培养基（CZ20）[23]：在察氏培养基的基础上，将蔗糖含量提高至200 g/L；

（4）60%蔗糖察氏培养基（CZ60）：在察氏培养基的基础上，将蔗糖含量提高至600 g/L；

（5）察氏酵母膏培养基（CYA）[23]：在察氏培养基的基础上，按5 g/L添加酵母膏；

（6）黑毛茶粉液体培养基：将黑毛茶粉碎后过 100 目筛，按 8 g 茶粉、5 g 蔗糖每 100 mL 蒸馏水的比例直接在 400 mL 组培瓶内混匀，95℃水浴并持续搅拌 20 min，加盖后灭菌。

二、主要仪器与试剂

（一）主要仪器设备

该试验所用仪器设备如表 4-3 所示。

表 4-3　主要仪器设备

名称、型号	生产厂家
YP802N 型电子分析天平	上海精科仪器设备公司
VD-650 单人型超净工作台	迎工机械有限公司
DHP-9 810 型生化培养箱	上海一恒仪器有限公司
JSM-6 380LV 型扫描电子显微镜	日本日立电子株式会社
CFIS60 型倒置显微镜	江南永新仪器有限公司
HY-4A 型振荡器	湖南力辰仪器科技有限公司
YXQ-100Q 型自动蒸汽灭菌锅	上海博迅医疗生物仪器有限公司
BioTek 酶标仪	美国伯腾仪器有限公司

（二）试验试剂、药品

试验所使用微生物培养试剂为国药化学纯，酶活测定所用试剂为国药分析纯。试剂的配制若未加特殊说明，则均按照《微生物学实验》（第三版）[64]进行。

三、不同样品中金花菌的分离

用无菌茶刀、镊子取茶样内部长有金黄色闭囊壳的叶梗 1 g，放入含有玻璃珠的 100 mL 无菌生理盐水三角瓶中，160 r/min 振摇 20 min 使其中微生物分散，即为 10^{-2} 倍样品稀释液，在超净台上作梯度稀释，取 10^{-5} ～ 10^{-4} 倍稀释液涂布于 PDA 平板，28℃恒温培养，取长有金花菌的平板进行分离纯化并以斜面保种。

四、不同金花菌形态多样性分析

将保存的金花菌接种至PDA平板上，28 ℃培养5 d使之活化，以三点法分别转接至PDA、改良PSA平板上，置28 ℃环境培养，按图4–2所示方法观测并记录各株系特征。菌落大小：以十字交叉法测量并计算平均值；边缘形状：评估菌落边缘整齐与否；分泌色素能力：评估菌体中心黑色素着色区域大小、色泽深度；菌落表面特征：评估菌落表面平整与否，每个菌株设置3组平行对照。

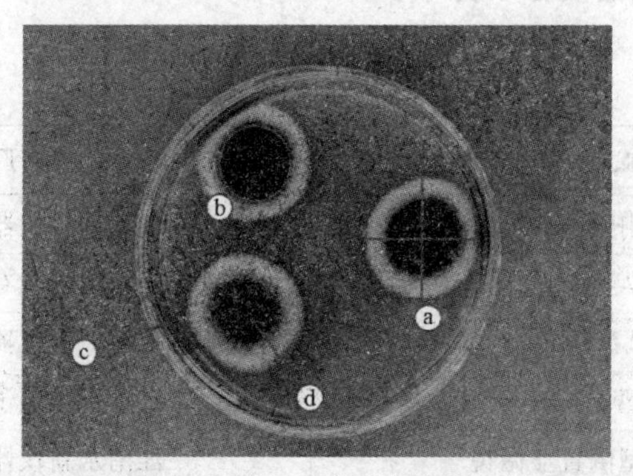

a. 菌落大小；b. 分泌色素能力；c. 菌落边缘特征；d. 菌落表面特征

图4–2　金花菌菌落特征观察及分析

根据不同菌株在两种培养基上培养6 d后的菌落大小、分泌黑色素情况、菌落边缘形状、菌落表面特征4项生理性状的特点，采用SPSSAU[65]对供试菌株进行模糊聚类。

五、代表性金花菌及近缘种生理性状分析

依据金花菌形态多样性及聚类分析的结果，筛选平板特征差异较为显著的株系作为代表性菌株，与近缘种假灰绿曲霉、谢瓦曲霉进行对比分析，测试项目如下。

（一）发酵黑毛茶能力分析

将所选菌株的PDA平板注入少量无菌生理盐水，用无菌刀片刮取平板上的菌体，将悬液转移至带玻璃珠的三角瓶内，用生理盐水定容至100 mL并振摇均匀，获得7株真菌的孢子悬液。

将黑毛茶筛分去杂后，按200 g/盘分装至不锈钢方盘（500 mm × 350 mm

×70 mm）内，调节盘内含水量为 34%～36%，100℃间歇灭菌，按 1%接种量喷洒接种 7 株供试菌孢子悬液，盖上玻璃，置于 28℃温室内发酵 7 d，观察不同菌株在茶叶上的生长状况。

（二）平板特征分析

将活化后的供试菌株以 3 点法分别接种至 PDA、改良 PSA、CZ20、CZ60、CYA 平板上。其中 PDA、改良 PSA、CZ20、CYA 平板置 28℃环境中培养，CZ60 平板置 32℃环境中培养，培养至 6 d 时，观察并拍照记录各供试菌株的菌落形态。

（三）显微特征分析

挑取供试菌株在平板上的有性 / 无性菌体制成固定标本[66]，采用离子溅射仪对样品表层进行喷金处理后，通过扫描电镜观察显微结构。从电镜照片里选取不同部位，通过 ImageJ 软件测量其长度与直径，每种结构随机测量 20 个样本。

（四）胞外酶活分析

用移液枪接种 1.0 mL 各菌株的孢子悬液至黑毛茶粉液体培养基内，28℃振摇培养。取 3～8 d 发酵液，离心去除沉淀后获得上清液，分析与发酵能力相关较高的酶活指标，每样品平行测定 3 次，所测酶活指标及方法如表 4-4 所示。

表 4-4　不同供试菌株发酵液酶活的测定

测定指标	检测方法
纤维素酶	DNS 显色法[54]
果胶酶	DNS 显色法[54]
蛋白酶	Folin-Ciocalte 法[36]
多酚氧化酶	邻苯二酚法[36]

六、数据处理

试验数据的分析及处理采用 DPS 15.10 进行，显著性差异水平设置为

$P<0.05$。采用 SPSSAU 比较同一金花菌菌株在 PDA、改良 PSA 2 种平板上生理性状的 Spearman 相关性系数。

第二节　结果与分析

一、不同茶样中金花菌的分离菌株数

从不同茶叶样品中分离获得 69 株金花菌，其中湖南来源的菌株 30 株（A1 ～ A30）、湖北 8 株（B1 ～ B8）、贵州 7 株（C1 ～ C7）、浙江 5 株（D1 ～ D5）、陕西 16 株（E1 ～ E16）、广西 3 株（F1 ～ F3），另包括由黑茶金花湖南省重点实验室提供，将已鉴定的一株金花菌 JH1805[62] 作为标准菌株。

二、不同金花菌 PDA 平板形态多样性

金花菌在 PDA 培养基上的形态特征如图 4–3 所示，70 株金花菌菌落特征存在一些共同处，如菌丝结构较为致密并与培养基结合牢固；菌落边缘色泽较浅，较多呈浅黄色至鹅黄色，中央区域被黑色素染至橘黄至褐色，菌落整体呈现 2 ～ 3 种色泽的同心环纹；产孢结构以闭囊壳为主，部分菌落边缘偶尔可见少量灰绿色分生孢子头；菌落周边的培养基有少量色素扩散，使之呈现黑褐色的晕圈，这些标志性特征基本符合以往研究中对金花菌的描述。

但与以往研究的不同之处在于，70 株金花菌在生长速度、分泌黑色素情况、菌落边缘形状、菌落表面特征等方面出现了一定程度的差异，如 JH1805、A2、B1、E2 等生长较快的菌株 6 d 时菌落直径达到 30 mm 以上，生长较慢的 A30、D1、C4 菌落直径则在 18 ～ 26 mm 之间，两种菌落生长速度差距较明显。在菌体分泌色素方面，色素分泌量较高的 A11、A12、F1，其菌落大部分区域被色素染成黑褐至棕褐色，色素浸染区域占到菌体直径的 3/4 左右，而 A1、C6 等菌株被染色区域只占菌落直径的一半以下，A14、A22、E7 等菌株则只分泌少量色素，中心区域呈橘黄至棕黄色。

在菌落边缘形状方面，标准株 JH1 805 边缘较为匀齐，与之相似的还有

A11、E5、E15 等，说明这些株系菌丝在向基质周边区域扩散的速度基本一致，因此可形成较规则的圆形菌落，而另外一些菌株则表现为菌落边缘不整齐，呈锯齿状（如 A9、A12）或花瓣状（如 A2、A4）。70 株金花菌菌落表面特征也存在一定差异，大部分菌落较为平整，仅中央厚度略高于边缘，少部分菌株中部区域出现显著隆起（如 A21、C2）或褶皱（如 A17、F1），这与菌丝生长能力和分化的差异有关。此外，同一性状特点可出现在差异较大的菌株之间，如生长速度较快的 B7 与生长速度较慢的 E1，所分泌黑色素均较少；生长速度较慢的 C4 与生长速度较快的 F1，菌落表面均存在隆起，说明几项生理性状之间是相对独立的。此外，不同菌株在菌落反面颜色、产分生孢子头、菌落厚度等方面也存在着一定差异。

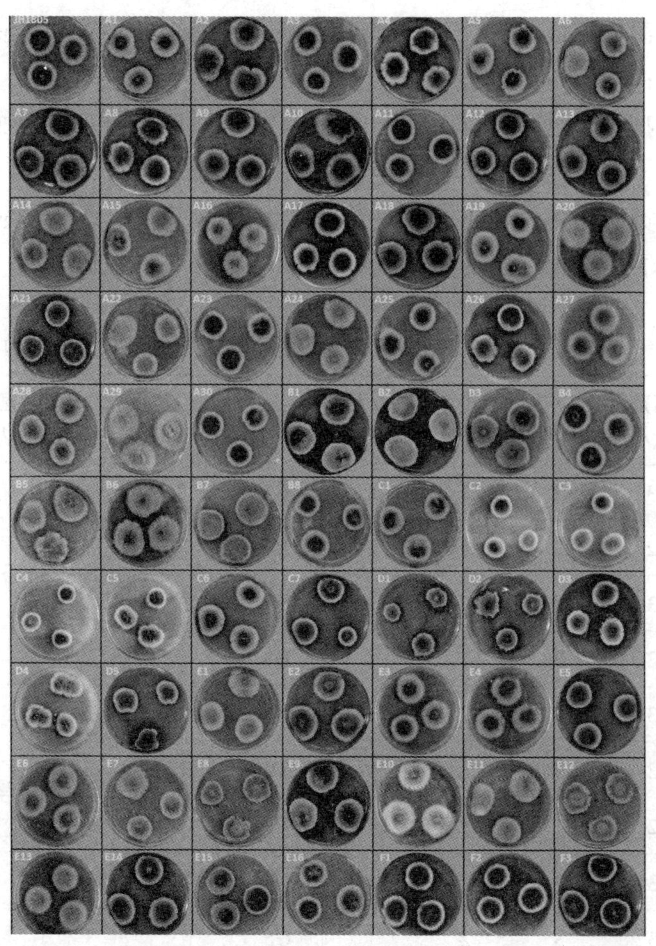

图 4-3　70 株金花菌在 PDA 平板上的菌落（28 ℃，6 d）

基于70株金花菌在PDA平板上的生长速度、色素分泌情况、菌落边缘形状、菌落表面特征对菌株进行评估，结果见表4–5，根据这4项特征的差异对70株金花菌进行分层聚类，结果如图4–4所示。在差异阈值为0.43的水平上，70株金花菌可被分为4个类群，整理4个类群集合下多数菌株共有的形态特征，如下所述。

（1）类型一22株（湖南8株、湖北6株、陕西8株）：生长速度中至快，产黑色素较少，边缘不整齐，表面较平坦；

（2）类型二6株（湖南1株、浙江5株）：生长速度中至慢，产黑色素较多，边缘不整齐，表面不平坦；

（3）类型三24株（湖南12株、湖北2株、贵州3株、陕西5株、广西1株以及标准菌株JH1 805）：生长速度中等，产黑色素较多，边缘整齐，表面平坦或隆起；

（4）类型四18株（湖南9株、贵州4株、陕西3株、广西2株）：生长速度中至快，产黑色素中等，边缘整齐，表面较平坦。

从4个类群中各选出1株代表该分支大部分株系性状特点的金花菌，分别为B1、D1、A11、A1。

表4–5　70株金花菌在PDA平板上的菌落特征（28 ℃，6 d）

编号	菌落大小	分泌黑色素	菌落边缘	表面特征	编号	菌落大小	分泌黑色素	菌落边缘	表面特征
JH1805	3	3	1	1	B5	2	1	2	1
A1	2	2	1	1	B6	3	1	2	1
A2	3	3	2	1	B7	3	1	1	1
A3	2	3	1	1	B8	2	2	1	1
A4	3	3	2	1	C1	2	2	1	1
A5	2	2	2	1	C2	1	3	1	2
A6	2	1	1	1	C3	1	3	1	2
A7	3	3	2	1	C4	1	3	1	2
A8	3	3	2	1	C5	1	3	2	2

续　表

编号	菌落大小	分泌黑色素	菌落边缘	表面特征	编号	菌落大小	分泌黑色素	菌落边缘	表面特征
A9	3	3	2	1	C6	2	2	1	1
A10	3	3	2	1	C7	2	2	1	1
A11	2	3	1	1	D1	1	2	2	1
A12	2	3	2	1	D2	1	2	2	1
A13	2	3	2	2	D3	1	2	2	1
A14	2	1	1	1	D4	1	2	2	2
A15	2	1	2	1	D5	1	2	2	1
A16	1	2	2	1	E1	2	1	1	1
A17	2	3	2	2	E2	3	2	1	1
A18	3	3	2	1	E3	2	3	2	2
A19	2	2	1	1	E4	2	3	2	2
A20	3	1	1	1	E5	2	2	1	1
A21	2	2	1	1	E6	2	3	2	2
A22	2	1	1	1	E7	2	1	1	1
A23	2	3	2	1	E8	2	1	2	1
A24	2	1	2	1	E9	3	2	2	1
A25	2	3	1	1	E10	2	2	2	1
A26	2	2	2	1	E11	2	1	1	1
A27	2	3	2	2	E12	2	1	2	1
A28	2	1	1	1	E13	2	1	1	1
A29	3	1	1	2	E14	3	3	2	1
A30	2	3	1	1	E15	3	2	1	1
B1	3	2	2	2	E16	2	2	1	1

续 表

编号	菌落大小	分泌黑色素	菌落边缘	表面特征	编号	菌落大小	分泌黑色素	菌落边缘	表面特征
B2	3	1	2	1	F1	3	3	1	2
B3	3	1	2	1	F2	2	3	1	2
B4	3	3	1	1	F3	3	3	1	1

注:(1)菌落大小:1—直径≤ 26 mm,2—直径为 26 ~ 34 mm,3—直径≥ 34 mm。

(2)分泌黑色素情况:1—分泌少量黑色素(表现为菌体中心黑色素区域不明显),2—分泌中等水平黑色素(表现为菌落中心有显著的黑色素区域,但黑色素圈颜色较浅或黑色素圈颜色较深,但被染色区域面积较小),3—分泌较多黑色素(表现为黑色素染色区域较大,色泽深沉)。

(3)菌落边缘:1—边缘整齐,2—边缘不整齐。

(4)菌落表面:1—菌落表面较平坦,2—菌落表面不平坦(表现为有显著隆起或褶皱)。

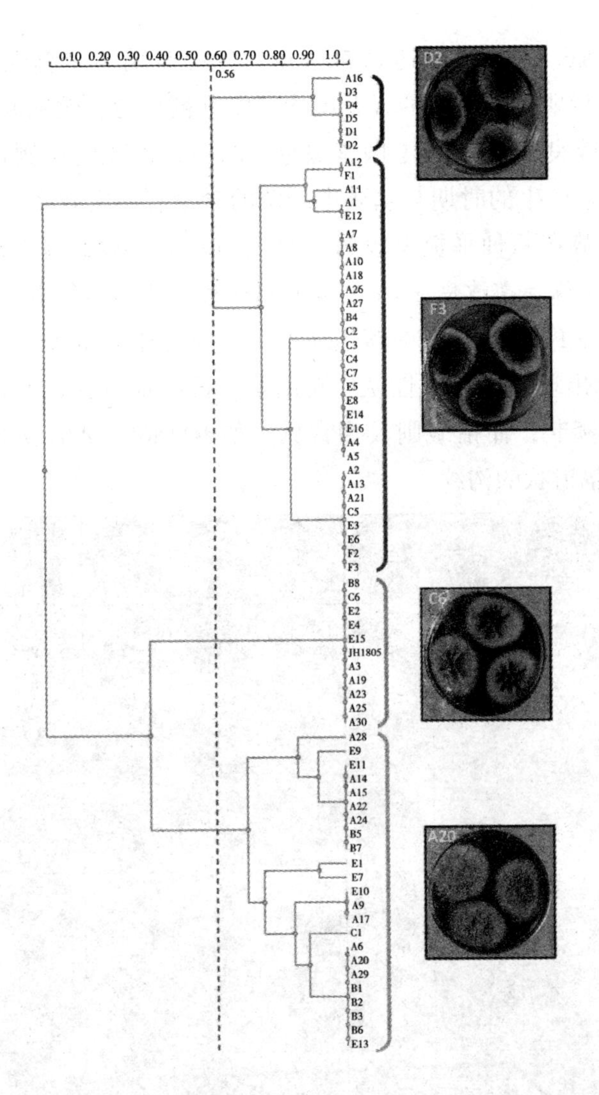

图 4-4 基于 PDA 平板特征的 70 株金花菌聚类分析及代表性菌株

三、不同金花菌改良 PSA 平板形态多样性

金花菌在改良 PSA 平板上的菌落特征如图 4-5 所示，70 株菌株同样出现了形态多样性。在生长速度方面，70 株金花菌的生长速度明显高于 PDA 培养基内的菌株，即使是长势相对较慢的菌株如 A16、D1、D3，6 d 时平均直径也达到了 32 mm 以上，而长势旺盛的菌株如 A20、E9 等菌落则几乎扩

散到整个培养皿，平均直径达到 50 mm 以上，且菌体闭囊壳的密集程度较 PDA 平板高，说明不同来源的金花菌均可将蔗糖作为有效碳源。在胞外黑色素分泌方面，改良 PSA 平板上菌落黑色区域与总面积的比例较 PDA 平板要小，推测黑色素产生的时期与基质中碳源的含量有一定联系。此外，不同菌株色素分泌趋势在两种平板上较为一致，如 A14、A22、E7 等 PDA 平板上产色素较少的菌株，在改良 PSA 平板上同样较少分泌黑色素。在菌落边缘形状方面，一些在 PDA 平板上菌落边缘不规则的菌株（如 A9、A2、A4），在改良 PSA 上也出现了同样的性状。在菌落表面特征方面，改良 PSA 上的金花菌较少出现隆起，而褶皱则较为常见，如 JH1805、A6、A12 等菌株中心区域都出现了辐射状的沟纹。

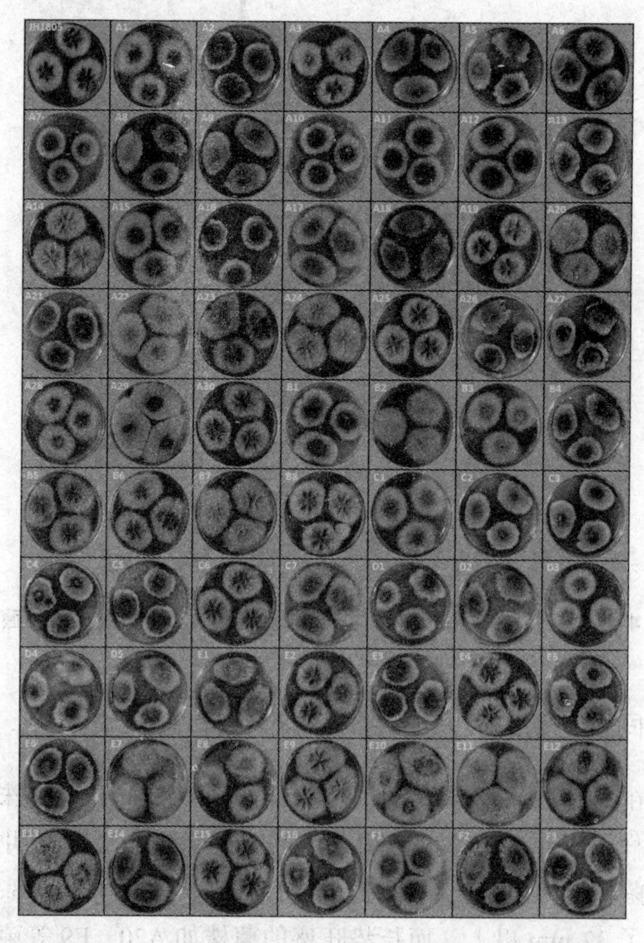

图 4–5　70 株金花菌在改良 PSA 平板上的菌落（28 ℃，6 d）

基于70株金花菌在改良PSA培养基上的生长速度、分泌黑色素情况、菌落边缘形状、菌落表面特征对菌株进行评估，结果如表4-6所示。

表4-6　70株金花菌在改良PSA平板上的菌落特征（28 ℃，6 d）

编号	菌落大小	分泌黑色素	菌落边缘	表面特征	编号	菌落大小	分泌黑色素	菌落边缘	表面特征
JH1805	2	2	1	2	B5	3	1	1	2
A1	2	2	1	1	B6	3	2	2	2
A2	2	3	2	1	B7	3	1	1	2
A3	2	2	1	2	B8	2	2	1	2
A4	2	2	2	1	C1	3	2	1	1
A5	2	2	2	1	C2	2	2	2	1
A6	3	2	2	2	C3	2	2	2	1
A7	2	2	2	1	C4	2	2	2	1
A8	2	2	2	1	C5	2	3	2	1
A9	3	2	2	1	C6	2	2	1	2
A10	2	2	2	1	C7	2	2	2	1
A11	2	3	1	1	D1	1	2	2	1
A12	3	3	2	1	D2	1	2	2	1
A13	2	3	2	1	D3	1	2	2	1
A14	3	1	1	2	D4	1	2	2	1
A15	3	1	1	2	D5	1	2	2	1
A16	1	3	2	1	E1	2	1	2	1
A17	3	2	2	1	E2	2	2	1	2
A18	2	2	2	1	E3	2	3	2	1
A19	2	2	1	2	E4	2	2	1	2

续 表

编号	菌落大小	分泌黑色素	菌落边缘	表面特征	编号	菌落大小	分泌黑色素	菌落边缘	表面特征
A20	3	1	1	1	E5	2	2	2	1
A21	2	3	2	1	E6	2	3	2	1
A22	3	1	1	2	E7	3	1	2	1
A23	2	2	1	2	E8	2	2	2	1
A24	3	1	1	2	E9	2	1	1	2
A25	2	2	1	2	E10	3	2	2	1
A26	2	2	2	1	E11	3	1	1	2
A27	2	2	2	1	E12	2	2	1	1
A28	3	2	1	2	E13	2	1	1	1
A29	3	1	1	1	E14	2	2	2	1
A30	2	2	1	2	E15	2	2	1	2
B1	3	2	2	2	E16	2	2	2	1
B2	3	1	1	1	F1	3	3	2	1
B3	2	1	1	1	F2	2	3	2	1
B4	2	2	2	1	F3	2	3	2	1

注:（1）菌落大小：1—直径≤ 40 mm，2—直径 40 ～ 45 mm，3—直径≥ 45 mm。

（2）分泌黑色素情况：1—分泌少量黑色素（表现为菌体中心黑色素区域不明显），2—分泌中等水平黑色素（表现为菌落中心有显著的黑色素区域，但黑色素圈颜色较浅；或黑色素圈颜色较深，但被染色区域面积较小），3—分泌较多黑色素（表现为黑色素染色区域较大，色泽深沉）。

（3）菌落边缘：1—边缘整齐，2—边缘不整齐。

（4）菌落表面：1—菌落表面较平坦，2—菌落表面不平坦（表现为有显著隆起或褶皱）。

根据 4 项因素的差异对 70 株菌株进行分层聚类，结果如图 4-6 所示。在差异阈值为 0.56 的水平上，70 株金花菌可被分为 4 大类群，整理 4 个类群集合下多数菌株共有的形态特征，如下所述。

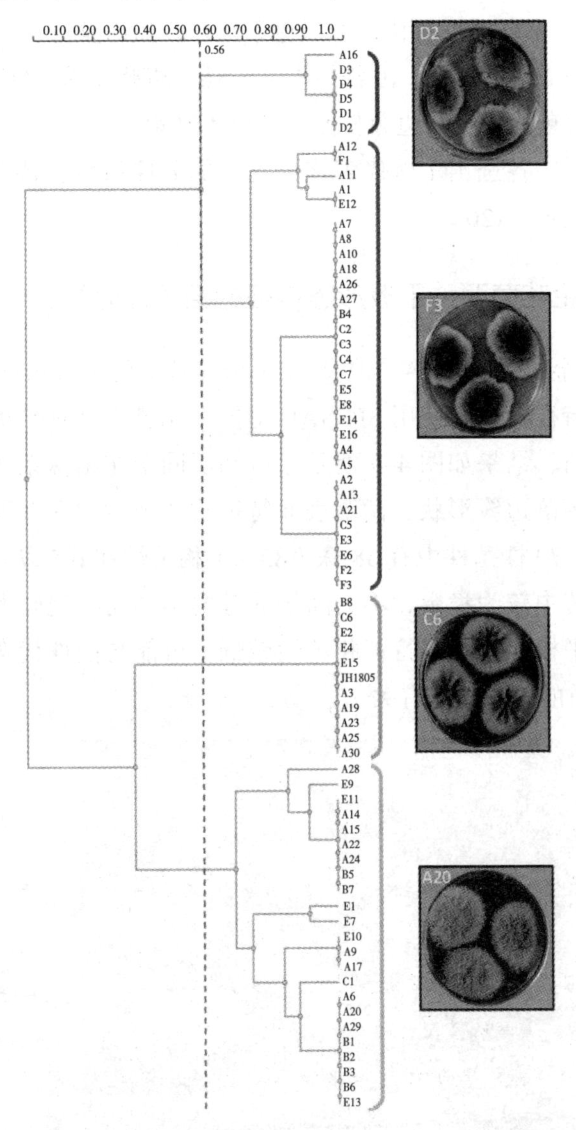

图 4-6　基于改良 PSA 平板特征的 70 株金花菌聚类分析及代表性菌株

（1）类型一 6 株（湖南 1 株、浙江 5 株）：生长速度较慢，产黑色素中等，边缘不整齐，表面较平坦；

（2）类型二 30 株（湖南 14 株、湖北 1 株、贵州 5 株、陕西 7 株、广西 3 株）：生长速度中至快，产黑色素较多，边缘不整齐，表面较平坦；

（3）类型三 11 株（湖南 5 株、湖北 1 株、贵州 1 株、陕西 3 株以及标准菌株 JH1 805）：生长速度较快，产黑色素较多，边缘整齐，表面不平坦；

（4）类型四 23 株（湖南 10 株、湖北 6 株，贵州 1 株、陕西 6 株）：生长速度较快，产黑色素较少，边缘整齐，表面不平坦。

从 4 个类群中各选出 1 株代表该分支大部分株系性状特点的金花菌，分别为 D2、F3、C6、A20。

四、不同金花菌两种平板形态特征的相关性分析

比较 70 株金花菌在 PDA、改良 PSA 培养基上的生长情况，基于表 4–5、表 4–6 的菌落特征数据，使用 SPSSAU 对同一菌株在 2 种平板上的性状特征进行相关性分析，结果如图 4–7 所示。可知不同金花菌株系的生长速度、分泌黑色素量、菌落边缘形状、菌落表面特征这 4 项性状在 2 种培养基上表现趋势较为相似，70 株菌株中有 58 株（83%）相关性在 0.5 以上，说明金花菌表型性状在遗传中较为稳定，不会随培养基的不同而出现较大的波动，有少数菌株在 2 种平板上的形态特征相关性较低，可能与菌株代谢蔗糖、酵母膏来源及氮素物质的能力差异有关。

JH1805 0.577	A1 1.000	A2 0.833	A3 0.544	A4 0.816	A5 1.000	A6 1.000
A7 0.816	A8 0.816	A9 0.833	A10 0.816	A11 1.000	A12 0.833	A13 0.816
A14 0.816	A15 0.236	A16 0.943	A17 0.000	A18 0.816	A19 0.577	A20 1.000
A21 0.707	A22 0.816	A23 0.000	A24 0.236	A25 0.544	A26 1.000	A27 0.333
A28 0.816	A29 0.816	A30 0.544	B1 1.000	B2 0.816	B3 0.816	B4 0.577
B5 0.236	B6 0.816	B7 0.816	B8 0.577	C1 0.943	C2 –0.272	C3 –0.272
C4 –0.272	C5 0.500	C6 0.577	C7 0.577	D1 1.000	D2 1.000	D3 1.000
D4 0.577	D5 1.000	E1 0.577	E2 0.544	E3 0.816	E4 0.333	E5 0.577
E6 0.816	E7 0.816	E8 0.577	E9 0.000	E10 0.816	E11 0.816	E12 0.000
E13 1.000	E14 0.816	E15 0.544	E16 0.577	F1 0.778	F2 0.500	F3 0.707

相关性低

相关性中

相关性高

图 4–7　70 株金花菌在 PDA、改良 PSA 平板上形态特征相关性分析

五、金花菌形态性状多样性及地理分布特点

分析不同类型金花菌在地理上的分布（依据 PDA 平板菌落特征），可以发现，金花菌的类型与地理分布有一定的联系（图 4–8），如浙江来源的 5 株金花菌均属于类型二，湖北来源的菌株则较多为类型一。总体而言，北方的黑茶产区以类型一的菌株为主，而南方产区的菌株则以类型三、四居多，菌群间存在南北方向的地理分布模式，但菌株类型分布与地理区域并不完全一致。黑茶产量较高的湖南拥有全部 4 种类型的菌株，陕西也具有 3 种不同类型的菌株，除这两省采样量较大这一因素之外，还可能与黑茶生产中原料的大规模转移、流通有关，如陕西省生产的黑茶，其原料毛茶通常由湖南、四川、云南等茶叶种植地输入[67]，即使作为茶叶种植地的湖南，在黑茶热销的年份也时常出现本土所产鲜叶供不应求，而从其他地区大量购入毛茶，拼配作为产品原料的情况，这一过程中金花菌附着在原料上被带到了产品加工地，实现了与不同地域菌株的基因交流。原料产地与加工地分离的特性导致了金花菌的类型分布与地理区域之间并不完全一致。

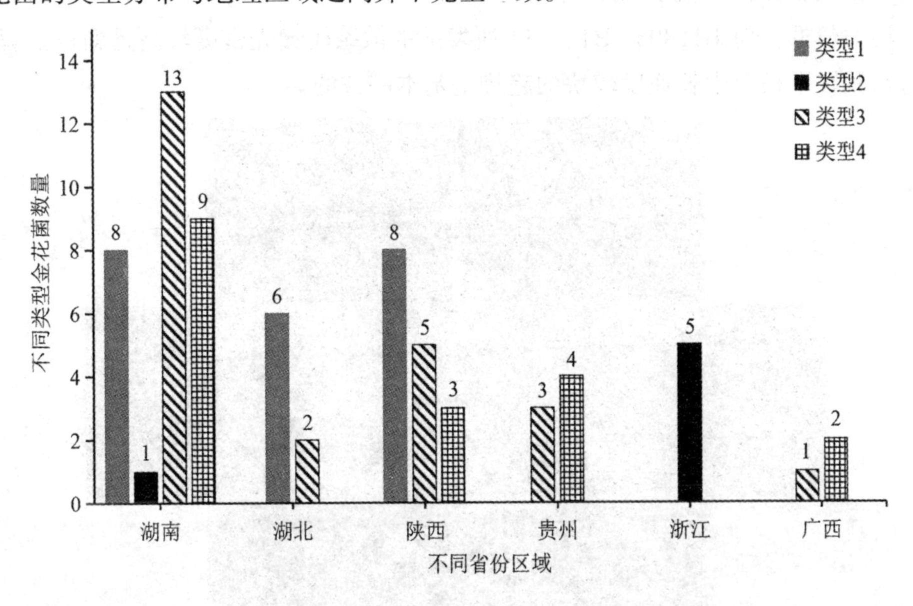

图 4–8　不同类型金花菌在地理上的分布（依据 PDA 平板特征）

六、金花菌代表株及近缘种发酵黑毛茶能力分析

依据金花菌形态多样性及聚类分析的结果，筛选出在 PDA、改良 PSA 平板上差异均较为显著的金花菌 A1、A11、B1、D1、JH1805 以及近缘种真菌假灰绿曲霉 HL1 801、谢瓦曲霉 XW1803 作为供试菌株。

7 株供试菌发酵黑毛茶效果如图 4-9 所示，从图中可知金花菌、假灰绿曲霉、谢瓦曲霉均在黑毛茶内生长良好，并生成大量的金黄色闭囊壳结构，成品在形态上较为相似，这也是早期研究人员和消费者无法有效区分几种近缘菌的主要原因。这几种发酵产品的不同之处在于，金花菌所发酵的茶叶闭囊壳与叶底色泽之间区分度较高，金黄色颗粒较为分明，而假灰绿曲霉、谢瓦曲霉所发酵的茶叶表面菌丝较密集，闭囊壳颗粒夹杂其间，使之辨别度相对较低。此外，假灰绿曲霉的菌丝颜色偏灰，色泽较为暗淡，谢瓦曲霉菌丝色泽偏棕黄色，可据此将 3 种供试菌发酵的茶叶产品初步区分开来。5 株金花菌所发酵的成品感官上较为相似，但在闭囊壳的密集程度上有一定区别，由 D1 所发酵的散茶闭囊壳密度较低，色泽也较为暗淡，证明该菌种在茶叶中的生长活力较低，而 JH1805、B1、A11 所发酵的散茶闭囊壳密度较高且颗粒饱满，这与其在平板上生长速度较快的趋势是基本一致的。

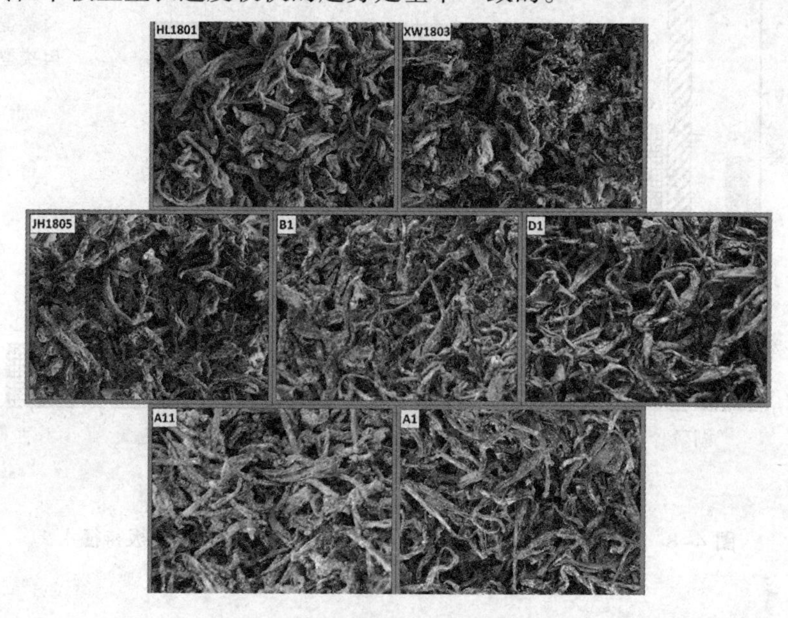

图 4-9　7 株供试菌发酵黑毛茶特征

七、金花菌代表株及近缘种菌落特征分析

5株代表金花菌和假灰绿曲霉、谢瓦曲霉在PDA、改良PSA、CZ20、CZ60、CYA平板上的生长情况如图4-10所示，7株供试菌在5种培养基上均可生长，并形成了形态各异的菌落。5株金花菌虽然在生长速度、菌落形状、表面色泽等方面存在显著差异，但依据其在5种培养基上的共同特征，并参考以往报道对金花菌形态多样性的描述，仍可将这5株金花菌初步鉴定为同一物种。

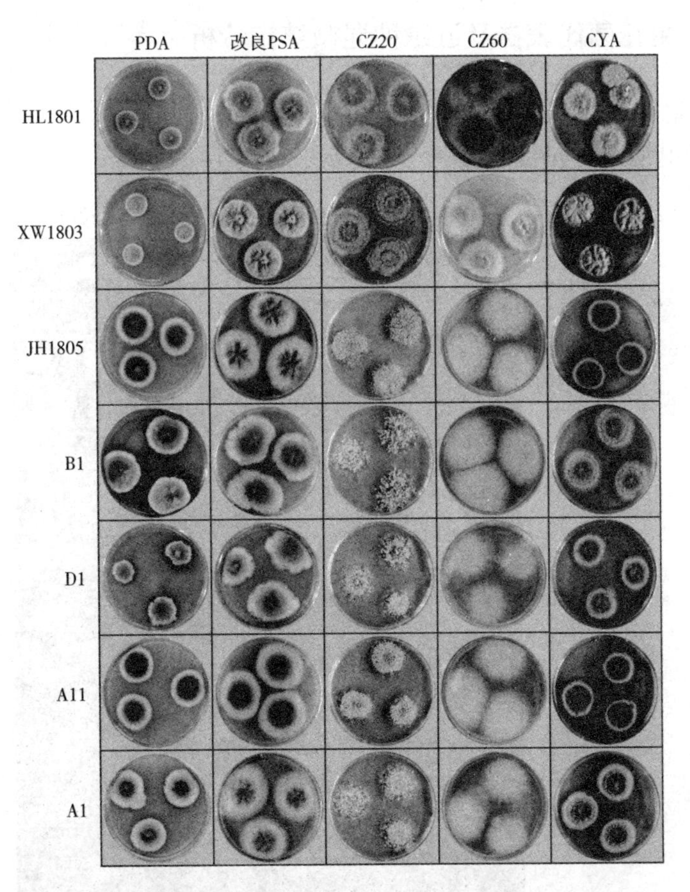

图4-10　7株供试菌在不同培养基上的菌落特征（竖排为菌株编号，横排为培养基种类）

金花菌与近缘种的对比方面，假灰绿曲霉在改良PSA、CYA平板上，谢瓦曲霉在改良PSA、CZ20平板上所形成的菌落与金花菌有着较高的相似度，

这也是假灰绿曲霉、谢瓦曲霉这 2 种近缘菌在相当长的时期内与金花菌容易被混淆的原因之一。

随着培养基渗透压的提高,7 株真菌的生殖方式也由有性型向无性型转变，这是金花菌及其近缘种的一项重要生理特征 [58]，与有性型之间的高度相似不同，2 株近缘种在 CZ60 培养基上形成的无性型菌落与金花菌之间差异较为明显，鉴于此，由高渗培养基诱导的无性型菌落特征差异可作为常规培养条件下鉴别金花菌与其近缘种的有效方法。

八、金花菌代表株及近缘种显微结构分析

5 株金花菌和假灰绿曲霉、谢瓦曲霉的显微结构如图 4–11 所示，测量 7 株供试菌电镜下不同结构大小，统计结果如表 4–7 所示。

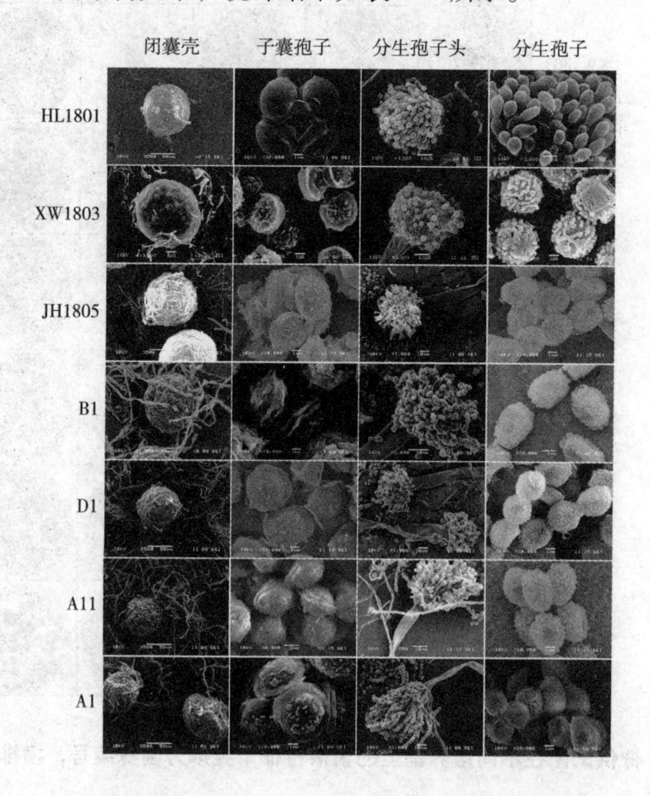

图 4–11　7 株供试菌显微结构（竖排为菌株编号，横排为不同结构）

表 4-7　7 株供试菌不同生殖结构的尺寸

菌株编号	闭囊壳（直径，μm）	子囊孢子（横轴 × 纵轴，μm）	分生孢子头（长度，μm）	分生孢子（横轴 × 纵轴，μm）
HL1 801	70.0 ～ 150.0	（2.6 ～ 4.0）×（4.2 ～ 5.6）	45.0 ～ 70.0	（2.7 ～ 4.6）×（4.0 ～ 7.5）
XW1 803	65.0 ～ 130.0	（2.4 ～ 3.0）×（5.0 ～ 5.4）	45.0 ～ 65.0	（3.2 ～ 3.6）×（3.3 ～ 4.2）
JH1 805	55.0 ～ 160.0	（3.4 ～ 4.5）×（4.5 ～ 6.1）	35.0 ～ 55.0	（3.3 ～ 3.8）×（4.3 ～ 5.2）
B1	65.0 ～ 180.0	（3.6 ～ 4.7）×（4.6 ～ 6.2）	40.0 ～ 62.0	（3.2 ～ 3.6）×（4.4 ～ 5.0）
D1	80.0 ～ 175.0	（3.7 ～ 4.7）×（4.6 ～ 6.4）	43.0 ～ 69.0	（3.2 ～ 3.5）×（4.3 ～ 4.8）
A11	50.0 ～ 120.0	（3.7 ～ 4.5）×（4.4 ～ 6.0）	50.0 ～ 80.0	（3.4 ～ 3.7）×（4.2 ～ 4.8）
A1	67.0 ～ 145.0	（3.6 ～ 4.6）×（4.5 ～ 6.1）	48.0 ～ 75.0	（3.4 ～ 3.8）×（4.3 ～ 4.9）

金花菌有性结构：闭囊壳形似球状，周边有大量菌丝包裹，直径 50 ～ 180 μm 不等，外壁随生长时间延长而变得薄而透明，成熟后破裂并释放子囊孢子。子囊孢子为双凸镜型，表面粗糙，赤道处有两道显著的“冠状”突起，两道突起之间有凹槽，孢子体大小（3.4 ～ 4.7 μm）×（4.4 ～ 6.4 μm）不等（横轴 × 纵轴）。

金花菌无性结构：由部分菌丝顶端异化形成扫帚状的分生孢子头，长度 35 ～ 80 μm 不等；顶囊近球形或烧瓶形，直径 18 ～ 30 μm；未成熟分生孢子以分生孢子链的方式着生在顶囊上，每簇分生孢子链一般包括 3 ～ 7 粒分生孢子，它们随时间延长而逐渐增大；成熟的分生孢子从孢子链上脱落，分散在基质内，分生孢子多呈较规则的椭球形，外壁布满小刺状突起，孢子体大小（3.2 ～ 3.8 μm）×（4.2 ～ 5.2 μm）（横轴 × 纵轴）。

各金花菌菌株闭囊壳、分生孢子头、顶囊等结构差异较大，但一般不被作为判定真菌种群的主要特征，中国真菌志[23]中将有性 / 无性孢子的大小、形状、表面形态等作为曲霉属物种的主要鉴别依据。由电镜观测结果可知，5株金花菌子囊孢子、分生孢子相似度均较高，未出现形态上的明显差异，虽然子囊孢子、分生孢子大小上存在一定差别，但考虑到所挑取的菌体成熟程度不一致，而发育程度对孢子的大小又有一定的影响，且不同菌株两种孢子间差异不明显（子囊孢子平均轴长差异≤ 0.2 μm，分生孢子平均轴长差异≤ 0.3 μm），因此可以认为，5 株表观性状相差较大的金花菌并未在微观构造上出现明显差异。

电镜下假灰绿曲霉的主要特征与王磊等[30]对广西茯砖茶中假灰绿曲霉 *A. pseudoglaucus* Blochwitz 的描述较为相似，其闭囊壳为近球形，直径 70 ～ 150 μm；子囊孢子呈双凸镜形，表面光滑，无沟或有浅痕，孢子体大小（2.6 ～ 4.0 μm）×（4.2 ～ 5.6 μm）（横轴 × 纵轴）；分生孢子头呈扫帚形，45 ～ 70 μm；顶囊半球形至烧瓶形，15 ～ 28 μm，一半至全部表面可孕；分生孢子椭球形，表面密集具小刺，孢子体大小（2.7 ～ 4.6 μm）×（4.0 ～ 7.5 μm）（横轴 × 纵轴）。与金花菌、谢瓦曲霉相比，假灰绿曲霉的子囊孢子凸面较光滑，且“冠状”突起不明显，赤道部位的凹槽也相对较浅。

谢瓦曲霉闭囊壳为近球形，直径 65 ～ 130 μm；子囊孢子较为扁平，表面粗糙且有很多小孔，正、反两面中心部位有显著凹陷，孢子体大小（2.4 ～ 3.0 μm）×（5.0 ～ 5.4 μm）；分生孢子头形似蒲公英，长度 45 ～ 65 μm；分生孢子较粗短，表面有较多不规则疣状突起，形似“刺梨”，孢子体大小（3.2 ～ 3.6 μm）×（3.3 ～ 4.2 μm）。与金花菌、假灰绿曲霉这两种近缘种相比，谢瓦曲霉的子囊孢子较为扁平，两面的中部有凹陷而形似“轴承”；且分生孢子较为粗短，横轴与纵轴的比值显著高于 2 种近缘菌。

九、金花菌代表株及近缘种胞外酶活性分析

（一）纤维素酶酶活

纤维素酶指具有水解纤维素活性的一类酶的总称，主要由外切 β－葡聚糖酶、内切 β－葡聚糖酶和 β－葡萄糖苷酶等组成，其可将纤维素水解成小分子的糖类物质，此过程不仅可软化叶梗组织，还有助于破壁细胞以提高水浸出物的含量[68]，是反映黑茶微生物发酵能力的重要指标之一。7 株供试菌发酵黑毛茶粉液体培养基的纤维素酶活性变化如图 4–13 所示，在发酵初期，

纤维素酶活力上升较快，多数菌株的酶活对数期出现在发酵的 3 ～ 5 d，并在 6 ～ 7 d 达到较高值，之后则维系在较稳定的水平。5 株金花菌中，纤维素酶活性较高的是 B1 与 A11，二者在 7 d 时酶活性分别达到 1.779 U/mL 和 1.786 U/mL。谢瓦曲霉 XW1803 的纤维素酶活性也较强，在发酵的第 6 天时酶活达到 1.607 U/mL，反映其水解茶叶中纤维素的能力较强。

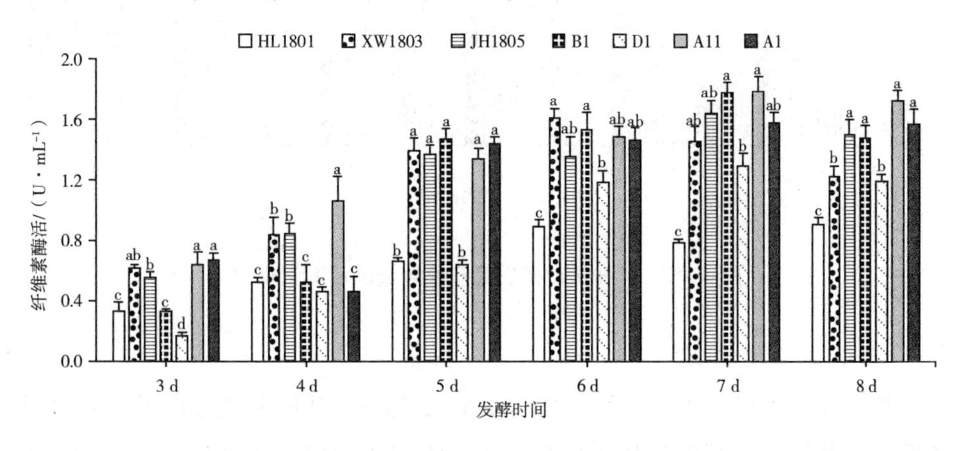

图 4–12　7 株供试菌发酵液纤维素酶酶活变化规律

（二）果胶酶酶活

果胶酶和纤维素酶同属多糖水解酶类，可将茶叶中的果胶水解成一些水溶性小分子物质，同时有利于释放叶梗细胞内的可溶性糖、茶多糖等物质，对茶汤滋味有一定贡献，此外，果胶酶还可起到澄清茶汤的作用，已被应用于茶饮料的加工当中[68]。由图 4–13 可知，7 株供试菌的果胶酶活力相差较大，其中以 JH1805、B1 的果胶酶活性较强，在发酵的第 7 天分别达到高峰值 12.07 U/mL 和 12.24 U/mL；假灰绿曲霉 HL1 801、谢瓦曲霉 XW1803 的果胶酶活力相对较低，最高值分别出现在发酵的第 7 天和第 8 天，为 6.55 U/mL 与 6.03 U/mL。在发酵的后期，多数菌株酶活仍处于较高的水平。

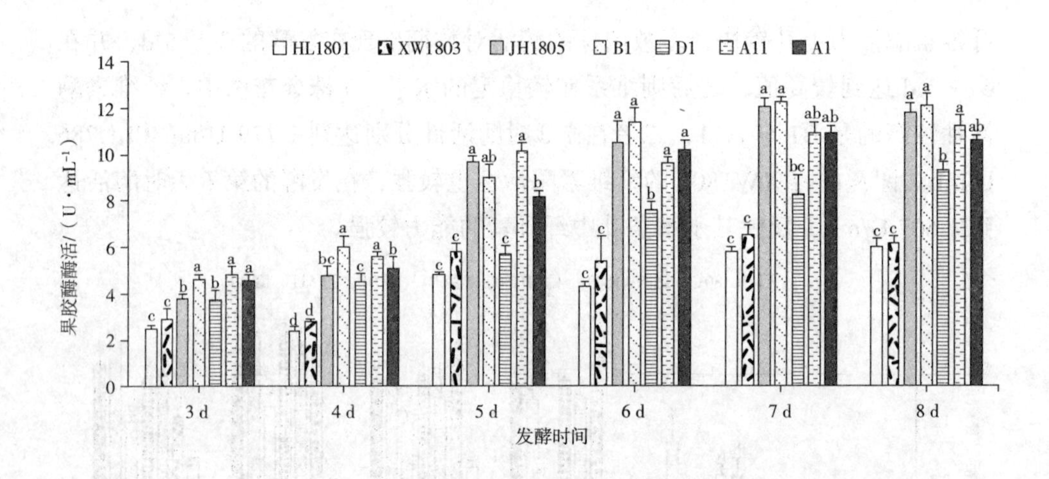

图 4–13　7 株供试菌发酵液果胶酶酶活变化规律

（三）蛋白酶酶活

蛋白酶活性与微生物发酵性能的关联度较高，其能催化蛋白质中的肽键水解生成多肽与氨基酸，从而提高人体对茶叶中蛋白质的利用率。此外，水解产生的氨基酸经过脱羧、缩合等反应后可形成一系列提升茶叶香气、滋味的组分[69]，同时游离氨基酸对提升茶汤鲜爽滋味也有一定作用。由图 4–14 可知，7 株供试菌蛋白酶活性多呈先上升后下降的趋势，可能和发酵液内蛋白质成分后期的消耗有一定关系。其中金花菌 JH1805、B1 蛋白酶活力较强，在发酵的第 6 天分别达到 9.38 U/mL 和 8.95 U/mL，证明其水解蛋白的能力较强；谢瓦曲霉 XW1803、金花菌 D1 的蛋白酶活性相对较低，最高值出现在发酵的第 6 天和第 7 天，分别为 5.96 U/mL 和 6.57 U/mL。

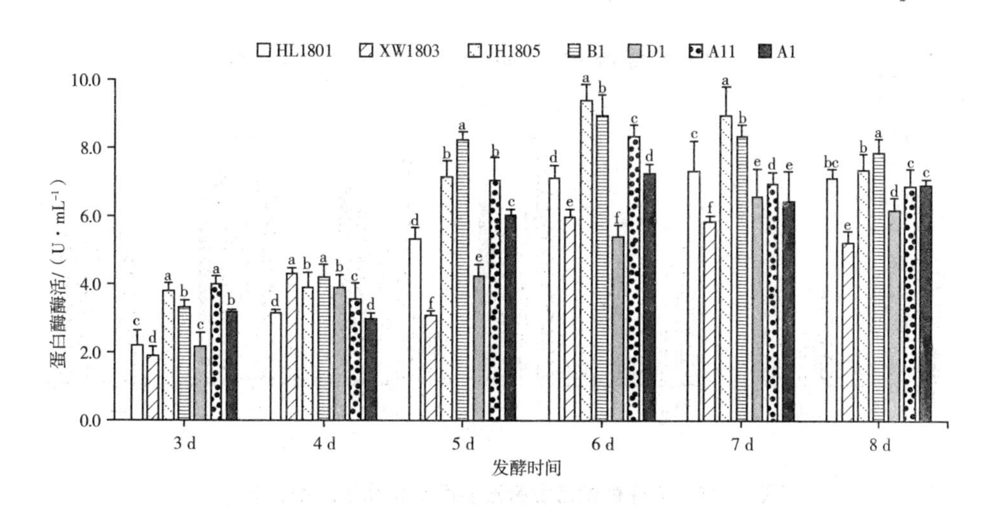

图 4–14　7 株供试菌发酵液蛋白酶酶活变化规律

（四）多酚氧化酶酶活

多酚氧化酶对茶叶中多酚类物质的氧化起着主要作用，可催化儿茶素等生成茶红素、茶褐素等茶色素[70]，一方面可降低茶叶苦涩味，另一方面能加深茶汤的色泽，此外，多酚氧化酶还可催化一些香气物质如苯乙醛、橙花醇等的生成，从而提升茶叶的香气[71]，对红茶、黑茶产品品质起着较为关键的作用。试验结果如图 4–15 所示，7 株供试菌在发酵的第 6 ～ 7 d 多酚氧化酶活性较强，而后出现下降的趋势，其中以金花菌 B1 和 JH1805 的多酚氧化酶活性较强，最高值均出现在发酵的第 6 天，分别为 0.403 U/mL 和 0.388 U/mL；而假灰绿曲霉 HL1801 和谢瓦曲霉 XW1803 多酚氧化酶活性均较低，最高值出现在发酵的第 7 天，分别为 0.107 U/mL 和 0.114 U/mL，由此反映其转化多酚类物质的能力较弱。

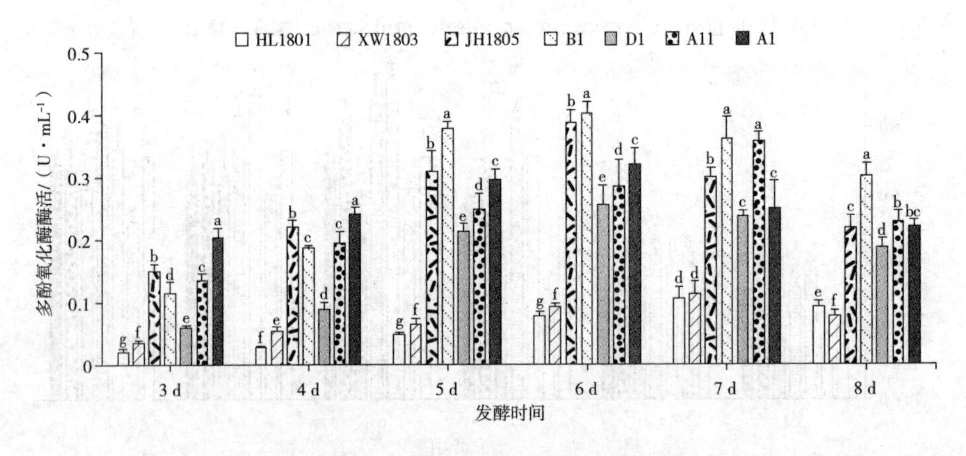

图 4-15　7 株供试菌发酵液多酚氧化酶酶活变化规律

第三节　小结与讨论

从我国 6 个省份所产黑茶中分离得到 70 株金花菌，分析不同菌株在 PDA、改良 PSA 平板上的性状差异，结果表明，70 株金花菌出现了显著的形态多样性，可分为 4 种差异较大的类群，每种类群下又可以分成多个小簇，表明我国黑茶中的金花菌在形态上存在遗传多样性。并且，金花菌多样性与地域来源之间有一定联系，可能是菌株受到不同地区气候、生长基质的长期影响所致。虽然不同企业发酵室的温、湿度大致相似，但目前黑茶生产发酵剂的使用并未普及，而是依托生产环境以及毛茶原料中携带的金花菌自然接种来实现发花这一目的[63]，其产品中的菌种同样可与外界环境的菌群进行基因交流而发生遗传分化。黑茶品种繁多的湖南省具有全部 4 个类型的菌株，产品种类较多的陕西省也具有 3 个不同类型的菌株，除两省样品采集量本身较大这一因素外，鉴于黑茶加工流程的特殊性，笔者推测这一现象与茶叶原料的大规模转移、流通有关，如陕西省除陕南之外基本不产茶鲜叶，当地茶企业所用原料毛茶通常由湖南、四川、云南等茶叶种植地输入[67]；即使作为茶叶种植地的湖南，在黑茶热销的年份也时常出现本土所产鲜叶供不应求的局面，只能从其他地区大量购入毛茶，拼配作为产品的原料，在这一过程中，金花菌附着在毛茶上被带到了产品加工地，从而实现了与不同地域菌株的基因交流。

对基于形态特征初筛的5株金花菌B1、D1、A11、A1、JH1805，以及假灰绿曲霉HL1801，谢瓦曲霉XW1803的菌落特征、显微结构、发酵性能、胞外酶活性等进行探讨，结果表明，7株供试菌均在黑毛茶中生长良好，并形成了大量的金黄色闭囊壳结构，成品在感官特征上较为相似，这是早期研究人员和消费者无法有效区分3种近缘菌的主要原因。在菌落特征方面，7株供试菌均可在所选的5种培养基上生长，其中5株金花菌在CZ20、CZ60上形成的菌落差异不明显，仅表现为生长速度及菌丝疏密程度的不同；而在PDA、改良PSA和CYA 3种培养基上则有着较为明显的区别，笔者推测出现这种现象的原因是PDA、改良PSA、CYA 3种培养基的营养成分较为全面，能诱导金花菌多项生理性状的正常表达，从而提高了不同株系间的辨识度。但考虑到马铃薯培养基是一种天然培养基，其成分的不确定性会影响到菌株的表达，因此在使用此类培养基进行菌株初筛时，应尽量将其控制在相同的试验条件内进行，以提高结果的稳定性。

虽然5株金花菌的生长速度、菌落形态、表面色泽等存在一定差异，但依据它们的一些共同特点，结合以往研究中对金花菌标志性特征的描述，仍可将这5株金花菌初步鉴别为同一物种。假灰绿曲霉、谢瓦曲霉在一些培养条件下与金花菌相似度较高，如假灰绿曲霉在改良PSA、CYA平板上，谢瓦曲霉在改良PSA、CZ20平板上形成的菌落与金花菌较为相似，此外二者在PDA平板上的菌落与金花菌生长初期阶段较为相似，这也是早期的研究人员无法有效区分金花菌及其近缘种的主要原因。假灰绿曲霉、谢瓦曲霉在CZ60平板上形成的无性型为主的菌落则与金花菌区分度较高，可作为常规培养下鉴别这几种近缘菌的方法。显微结构方面，子囊孢子、分生孢子作为区分不同菌种的重要依据[23]，在5株金花菌中未出现明显差异，金花菌与假灰绿曲霉、谢瓦曲霉的主要差别在于，假灰绿曲霉子囊孢子凸面沟纹不明显，较为光滑，赤道部位的凹槽也相对较浅；谢瓦曲霉子囊孢子较为扁平，两面中部具凹陷而形似“轴承”，分生孢子则较为粗短等，这些特征可作为区分三种近缘菌的有效手段。

7株供试菌发酵黑毛茶粉液体培养基的酶活指标存在比较显著的差异，反映了其发酵能力的不同，5 株金花菌的 4 种胞外酶活力高于假灰绿曲霉、谢瓦曲霉，其中金花菌 JH1805、B1 的各项酶活性均较高，可作为黑茶发酵的优良菌种进一步选育；金花菌 D1 的各项酶活均较低，可能与其较低的菌丝生长速度及代谢能力有关。此外，假灰绿曲霉、谢瓦曲霉可分泌与茶叶发酵相关的纤维素酶、果胶酶等，亦有可能作为黑茶发酵的协同菌，这与欧惠算等 [72] 认为六堡黑茶品质由多菌种协同发酵形成这一观念是一致的。金花菌不同株系及其近缘种在发酵过程中是否会产生毒素，其在食品中的安全性还有待进一步探讨。

虽然金花菌不同株系和近缘种假灰绿曲霉、谢瓦曲霉在菌落特征、显微结构、胞外酶活性等方面存在不同程度的差异，但仅通过这些特征将金花菌不同株系与近缘种准确鉴定仍存在困难，这也是过去依托形态学为主的真菌鉴定研究中，对金花菌及其近缘种的分类一直存有争议的主要原因。因此，还需要开发更准确、分辨率更高的分子标记方法，以明晰其种群遗传分化情况，为金花菌种内不同株系及近缘菌的鉴定提供科学依据和技术参考。

第十四章　基于线粒体基因组的金花菌与近缘种系统进化分析及条形码筛选

自从1941年金花菌被徐国帧发现以来，研究者曾用灰绿曲霉群（*A. glaucus* group）、针刺曲霉（*A. spiculosus*）、小冠曲霉（*A. cristatellus*）、谢瓦曲霉（*A. chevalieri*）、谢瓦曲霉间型变种（*A. chevalieri* var.intermidius）、冠突曲霉（*A. cristatus*）、冠突散囊菌（*E. cristatum*）对其进行命名，其中冠突散囊菌是目前使用较多的名称。2013年，Hubka等[28]基于ITS序列、β-微管蛋白序列等方法对散囊菌属物种作了全面修订，并依据国际植物命名新法规，将散囊菌属下17个菌种移入曲霉属曲霉组，由此将金花菌命名为冠突曲霉，目前虽有部分学者支持这一命名观点[30-31, 73]，但仍存有争议。此外，金花菌、假灰绿曲霉、谢瓦曲霉3种近缘菌不仅在命名上被混淆，且其菌落形态、显微结构等相似度均较高，因此对其系统分类和研究造成了一定困难。

与核基因组相比，线粒体DNA具有同源基因数量多、对突变压力敏感、进化速度快等特点，因此更适宜区分亲缘关系较近的物种和探究较短时间周期内发生的进化事件。此外，线粒体DNA的基因序列多为中性进化分子，不同基因有着不同的进化速度及规律，通过筛选适宜序列片段便可有效阐明物种间的进化关系[74]，即使是长度较短的基因片段，也被证实能在物种鉴定中得到较为精确的结果[75]。

鉴于此，本研究拟对金花菌、假灰绿曲霉、谢瓦曲霉线粒体DNA进行分析，以进一步明晰3种近缘菌基因上的差异以及种属间的分子系统学问题，为促进茶叶发酵优势微生物种群的群体遗传学、进化和分类学等提供依据。此外，通过对金花菌及其近缘种线粒体DNA的不同序列进行分析，以期筛选能够有效鉴别其种间单位的DNA条形码，旨在进一步完善曲霉属DNA鉴别的数据库，也可为黑茶发酵种质资源的有效开发与利用提供指导。

第一节　材料与方法

一、线粒体DNA提取、测序与注释

假灰绿曲霉线粒体全基因组序列信息已在NCBI核酸数据库上发表（NC_041 427.1），可下载后供分析使用；金花菌、谢瓦曲霉的线粒体DNA采用下述方法进行提取、测序与注释。

将冻存的金花菌JH1805、谢瓦曲霉XW1803菌种活化后，接种至PDL液体培养基内，置28 ℃振荡培养7 d后，离心去除培养液，获得的适量菌体作为提取DNA的材料。线粒体基因组采用DNeasy Mini Kit（Qiagen，Valencia，CA）试剂盒提取，获取DNA后，采用双链DNA超敏试剂盒（Invitrogen，Qubit dsDNA BR检测试剂盒，Q32853）中的Qubit荧光计检测总DNA质量[76]。

样品的测序工作由深圳惠通生物科技有限公司完成，采用Illumina Hiseq 2500测序平台对样品DNA进行paired-end测序，将原始测序数据经过Base Calling转化为序列数据，结果以FASTQ格式存储，使用NGS QC[77]对数据进行质控，补全序列接头（adapter）、移除连接物和不配对、短小、质量差的序列后，将高质量的clean data采用SPAdes以从头组装的方式进行组装[78]。

使用MITOS web server[79]对金花菌、谢瓦曲霉线粒体基因组进行注释，并对注释结果进行手工校正，获得2株供试菌线粒体基因组注释信息，将结果提交至GenBank数据库中，GenBank登录号：金花菌JH1805（MT457782）、谢瓦氏曲霉XW1803（MT528261）。

采用OGDraw[80]对金花菌、谢瓦曲霉、假灰绿曲霉注释信息进行可视化处理，绘制3株微生物线粒体全基因组物理图谱。

二、核苷酸组成分析

采用 FeatureExtract 1.2L 提取金花菌、谢瓦曲霉、假灰绿曲霉线粒体基因组的蛋白编码区、tRNA 序列、rRNA 序列[81]，利用 bioedit 计算不同基因 4 种碱基比例，并根据下式计算碱基偏斜。

$$ATskew = \frac{A - T}{A + T} \qquad GCskew = \frac{G - C}{G + C}$$

三、蛋白质编码基因分析

蛋白质编码基因的分析采用 DAMBE 进行[82]，计算金花菌、谢瓦曲霉、假灰绿曲霉线粒体蛋白质编码基因编码的氨基酸种类和比例，以及同义密码子使用相对频率（relative synonymous condon usage，RSCU），分析密码子使用模式。

四、tRNA 基因分析

利用 tRNAscan-SE 2.0 测金花菌、谢瓦曲霉、假灰绿曲霉 tRNA 的二级结构[83]，无法直接预测的基因通过人工校正完成。

五、基因组重排信息分析

将金花菌（MT457782）、假灰绿曲霉（NC_041427.1）、谢瓦曲霉（MT528261）、*A. parasiticus*（NC_041445.1）、*A. luchuensis*（NC_040166.1）、*A. niger*（NC_007445.1）、*A. tubingensis*（NC_007597.1）7 种真菌的线粒体序列进行比较，以分析线粒体基因组重排信息。

六、基于线粒体蛋白编码基因的系统发育分析

根据金花菌、谢瓦曲霉、假灰绿曲霉线粒体序列在 NCBI 核苷酸数据库序列的比对结果，将 3 种供试菌与亲缘关系较近的真菌进行系统发育分析，分别为 *Aspergillus* 属的 *A. fumigatus*、*A. clavatus*、*A. tubingensis*、*A. niger*、*A. luchuensis*、*A. flavus*、*A. ustus*、*A. nidulans*、*A. puulaauensis*；*Penicillium* 属的 *P. chrysogenum*、*P. digitatum*、*P. polonicum*、*P. solitum*；*Ophiocordyceps* 属的 *O. sinensis*，将 19 种真菌线粒体基因组 14 个共同的蛋白质编码基因按 *cob-nad1-*

nad4–atp8–atp6–nad6–cox3–cox1–atp9–nad3–cox2– nad4L–nad5–nad2 的顺序串联后，采用 mega 7.0 进行序列对比 [84]，并基于 Maximum likelihood 法构建系统发育树 [85]。

七、分子标记候选序列的筛选

金花菌及其近缘种所共有的线粒体基因包括 *cob*、*nad1*、*nad4*、*atp8*、*atp6*、*nad6*、*cox3*、*cox1*、*atp9*、*nad3*、*cox2*、*nad4L*、*nad5*、*nad2*、*lrRNA*、*srRNA* 16 个序列，结合以往研究对真菌线粒体分子标记基因的筛选结果，并综合考虑 PCR 扩增及产物后续的检测需求，选取 *cob*、*cox1*、*cox2*、*cox3*、*nad2*、*nad6* 这 6 个长度在 600 ～ 1 800 bp 的基因作为开发金花菌及近缘物种分子标记的候选序列，如表 4–8 所示。

表 4–8　用于开发分子标记的候选基因

基因	在金花菌 JH1805 线粒体基因组中的长度 / bp	编码产物
cob	1 113	cytochrome b
cox1	1 743	cytochrome c oxidase subunit 1
cox2	762	cytochrome c oxidase subunit 2
cox3	810	cytochrome c oxidase subunit 3
nad2	1 689	NADH–ubiquinone oxidoreductase subunit 2
nad6	666	NADH–ubiquinone oxidoreductase subunit 6

除自行测序的金花菌 JH1805、谢瓦曲霉 XW1803 线粒体全基因组序列外，从 NCBI 核酸库下载的近缘种真菌线粒体 DNA 序列，用于 DNA 条形码的筛选分析，相关真菌线粒体基因序列信息如表 4–9 所示。

表 4–9　分析用真菌线粒体基因组数据信息

物种	NCBI 登录号	物种	NCBI 登录号
A. chevalieri	AP024424.1	*A. oryzae*	KY352472.1

续　表

物种	NCBI 登录号	物种	NCBI 登录号
A. chevalieri	MT528261	*A. pseudoglaucus*	MK202802.1
A. clavatus	JQ354999.1	*A. pseudoglaucus*	NC_041427.1
A. cristatus	CM004508.1	*A. puulaauensis*	AP024451.1
A. cristatus	MT457782.1	*A.* sp.	MK038875.1
A. flavus	KP725058.1	*A. tubingensis*	DQ217399.1
A. flavus	NC_026920.1	*A. tubingensis*	NC 007597.1
A. fumigatus	NC_017016.1	*A. ustus*	KM245566.1
A. kawachii	AP012272.1	*A. ustus*	NC_025570.1
A. luchuensis	AP024433.1	*P. chrysogenum*	JQ354996.1
A. luchuensis	AP024442.1	*P. digitatum*	NC_015080.1
A. luchuensis	MK061298.1	*P. polonicum*	NC_030172.1
A. luchuensis	NC_040166.1	*P. solitum*	NC_016187.1
A. niger	DQ207726.1	*P.* sp.	KX931017.1
A. niger	NC_007445.1	*P. solitum*	JN696111.1

八、不同序列遗传距离及系统发育分析

采用 FeatureExtract 1.2L 从 30 个真菌线粒体基因组中提取 *cob*、*cox1*、*cox2*、*cox3*、*nad2*、*nad6* 基因序列信息 [81]，用 Mega 5.0 将各序列对齐后，使用双参数法（Kimura 2-parameter model）计算不同真菌同一序列的遗传距离 [84]，并基于各序列信息，采用 Maximum Likelihood 法，构建系统发育树，自举检验值（boot-strap test）设置为 1 000。

第二节　结果与分析

一、线粒体基因组结构及特征

3 株供试菌线粒体全基因组结构如图 4–16 所示，金花菌、假灰绿曲霉、谢瓦氏曲霉线粒体全基因组均为闭合环状 DNA 分子，其长度分别为 77 649 bp、53 882 bp、56 139 bp，所编码的基因总数分别为 42、43、44 个。其中三者共有的基因包括 14 个蛋白质编码基因（*nad4L*、*nad5*、*nad2*、*cob*、*nad1*、*nad4*、*atp8*、*atp6*、*nad6*、*cox3*、*cox1*、*atp9*、*nad3*、*cox2*）、lrRNA/srRNA 以及 23 个 tRNA 基因。

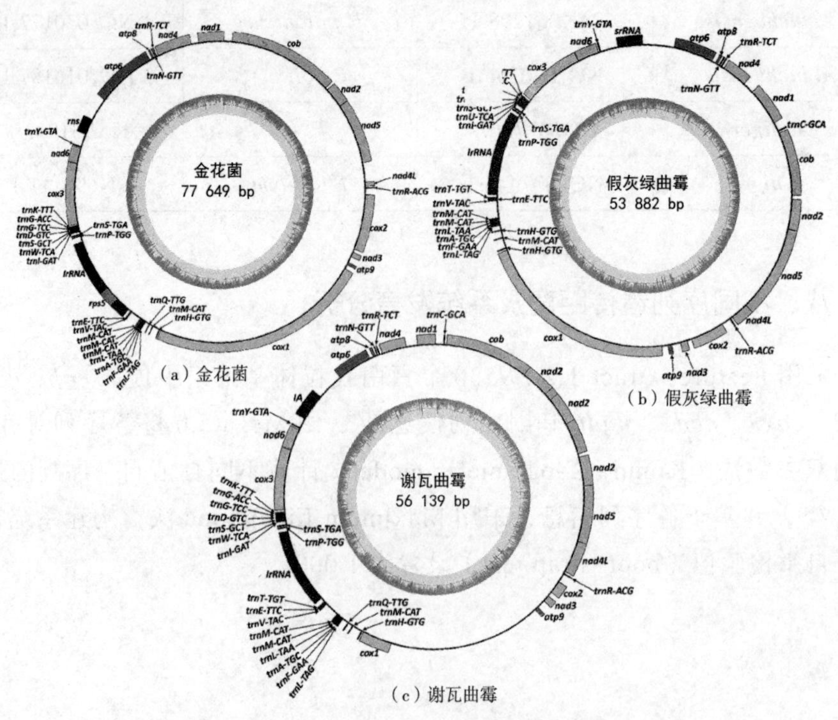

（a）金花菌

（b）假灰绿曲霉

（c）谢瓦曲霉

图 4–16　3 株供试菌线粒体基因组结构

3 株供试菌线粒体基因排列均较为分散，很少发生基因重叠，其中金花菌存在 2 处基因重叠区域（*trnS-GCT* 与 *trnW-TCA*、*trnL-TAA* 与 *trnA-TGC*）；假灰绿曲霉存在 3 处基因重叠（*trnS-GCT* 与 *trnU-TCA*、*trnL-TAA* 与 *trnA-TGC*、*nad4L* 与 *nad5*）区域；谢瓦曲霉存在 3 处基因重叠区域（*trnS-GCT* 与 *trnW-TCA*、*trnL-TAA* 与 *trnA-TGC*、*nad4L* 与 *nad5*），重叠的区域均在 1 ～ 2 bp 之间。基因间隔现象则比较普遍，其中最长的间隔区域出现在谢瓦曲霉的 *cox1* 和 *atp9* 之间，达到 9 210 bp，这种基因排列较为松散的现象在真菌线粒体基因组中较为常见，主要由内含子大小及数量的影响所致 [86]。

二、线粒体基因组核苷酸组成

金花菌线粒体基因组 A、T、C、G 四种碱基的含量分别为 34.14%、37.64%、15.61% 和 12.61%，其中，蛋白质编码基因全长为 57 129 bp（包括 *orf* 与内含子），占线粒体总长度的 73.57%，25 个 tRNA 基因全长 1 866 bp，*lrRNA* 长度为 6 873 bp，*srRNA* 长度为 1 336 bp。假灰绿曲霉与谢瓦曲霉基因组长度较为接近，而蛋白质编码基因长度则相差较大，这种现象与蛋白基因编码的内容无关，而与基因间隔区的重复片段、内含子数量及大小有关 [87]，这一现象在其他亲缘关系相近的不同真菌线粒体 DNA 中也偶有出现 [86]。

7 种曲霉属微生物线粒体基因组核苷酸组成如表 4–10 所示，其 tRNA 及 rRNA 总体长度均较为接近，但全基因组与蛋白编码基因长度则相差较大，金花菌、假灰绿曲霉、谢瓦曲霉全基因组与蛋白编码基因长度显著超过其他 4 种近缘真菌，根据 Joardar 等 [88] 的研究可知，其线粒体基因在进化过程中可能产生了较多突变，形成了长度可观的辅助基因和内含子。

表 4-10　7 种曲霉线粒体基因组核苷酸组成

物种（GenBank 登录号）	全基因组				蛋白质编码基因		lrRNA		srRNA	
	大小 / bp	A+T/ %	AT 偏斜	GC 偏斜	大小 / bp	A+T/ %	大小 / bp	A+T/ %	大小 / bp	A+T/ %
金花菌（MT457782）	77 649	71.78	−0.048 8	−0.106 3	57 129	72.70	6 873	72.24	1 336	63.85
假灰绿曲霉（NC_041427.1）	53 882	72.19	0.029 9	0.103 2	52 738	73.90	4 613	78.04	1 424	62.99
谢瓦曲霉（MT528261）	56 139	72.62	−0.014 4	−0.101 6	33 745	74.38	4 620	72.88	1 428	63.03
A.parasiticus（NC_041445.1）	29 141	73.84	−0.027 2	0.106 5	18 126	74.78	4 616	72.57	1 445	63.94
A. luchuensis（NC_040166.1）	31 228	73.58	−0.028 7	0.102 3	16 178	74.49	4 630	73.37	1 446	64.04
A. niger（NC 007445.1）	31 103	73.10	−0.023 6	0.108 9	16 264	73.64	4 633	73.17	1 445	62.15
A. tubingensis（NC_007597.1）	33 656	73.21	−0.018 0	0.102 3	18 435	73.93	4 634	73.18	1 445	63.80

7 种供试菌线粒体基因组 A+T 含量比例均较高，且不同类型基因的 A+T 含量水平较为接近，符合曲霉属真菌的一般特征[88]。A+T 含量由低到高依次为金花菌（71.78%）、假灰绿曲霉（72.19%）、谢瓦曲霉（72.62%）、*A. niger*（73.10%）、*A. tubingensis*（73.21%）、*A. luchuensis*（73.58%）和 *A. parasiticus*（73.84%）。金花菌线粒体全基因组 ATskew 与除假灰绿曲霉之外的 5 种曲霉较为接近，均表现出对 T 碱基的偏好性。

三、线粒体基因组蛋白质编码基因

金花菌、假灰绿曲霉、谢瓦曲霉线粒体基因组各自包含 15、15、16 个蛋白质编码基因，按其功能可分为 4 类，包括 ATP 合成酶相关基因（*atp6*、*atp8*、*atp9*），细胞色素合成相关基因（*cox1*、*cox2*、*cox3*、*cob*），氧化还原酶亚基相关基因（*nad1*、*nad2*、*nad3*、*nad4*、*nad5*、*nad6*、*nad4L*）以及核糖体蛋白编码基因 *rps5*。除少数基因以 TTA、TTG 为起始密码子外，大部分基因起始密码子均为 ATG；终止密码子则以 TAA、TAG 两种类型的终止子为主。

不同氨基酸在所预测的编码蛋白中的出现频率差异较大（图 4–17），但在金花菌、假灰绿曲霉、谢瓦曲霉线粒体基因组密码子中出现频率非常相近，揭示了三者关系上的亲缘性，其中编码频率最高的 5 种氨基酸分别是 Leu（15.20% ～ 15.78%）、Ile（10.76% ～ 11.04%）、Ser（8.84% ～ 9.41%）、Phe（7.89% ～ 8.48%）和 Val（6.55% ～ 7.29%），编码频率较低的 10 种氨基酸 Trp、Cys、His、Asp、Gln、Arg、Met、Glu、Pro 和 Lys 含量均在 5% 以内。

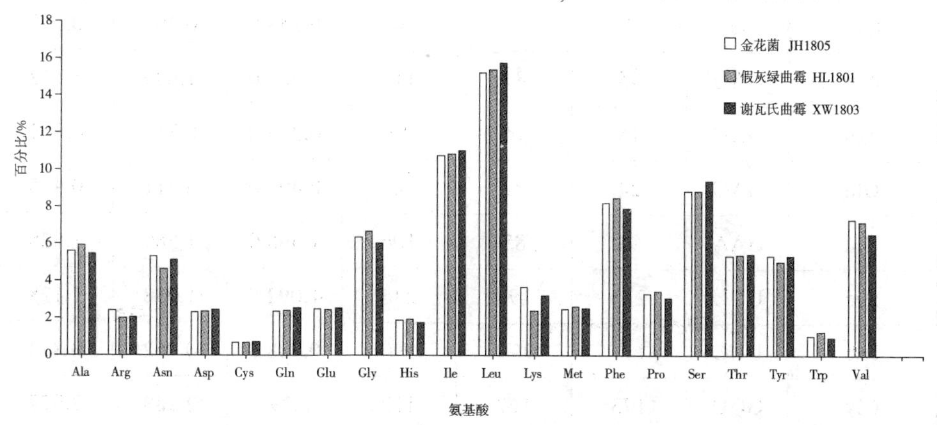

图 4–17　不同氨基酸在金花菌、假灰绿曲霉、谢瓦曲霉线粒体基因组编码蛋白中的使用频率

三种微生物线粒体蛋白编码基因的密码子使用情况如表 4-11 所示，虽然不同菌株的线粒体总基因长度及蛋白编码基因长度差异较大，但在蛋白质编码基因密码子数量方面则较为接近，分别为 4 794 个、4 375 个、5 510 个（不包括 Stop codon）。其中最为常用的 4 种密码子是 UUA、AUA、UUU 和 AAU，且每个密码子的第 1 ～ 3 位点碱基都是由 A 和 U 组成，说明三株近缘菌蛋白质编码基因密码子对这 2 种碱基有显著的偏向性，这一现象在其他曲霉属真菌中也较为常见 [89]。

表 4-11　金花菌、假灰绿曲霉、谢瓦曲霉线粒体基因组编码蛋白质的基因密码子使用情况

氨基酸	密码子	使用次数			RSCU		
		金花菌	假灰绿曲霉	谢瓦曲霉	金花菌	假灰绿曲霉	谢瓦曲霉
Stop codon	UAG	2	1	3	0.266 7	0.143	0.375
Stop codon	UAA	13	13	13	1.733 0	1.857	1.625
Ala	GCU	161	156	176	2.430 0	2.409	2.339
Ala	GCG	6	8	4	0.091 0	0.124	0.053
Ala	GCC	12	13	14	0.181 0	0.201	0.186
Ala	GCA	86	82	107	1.298 0	1.266	1.422
Cys	UGU	27	26	35	1.742 0	1.793	1.795
Cys	UGC	4	3	4	0.258 0	0.207	0.205
Asp	GAU	95	87	118	1.727 0	1.689	1.748
Asp	GAC	15	16	17	0.273 0	0.311	0.252
Glu	GAG	24	22	33	0.407 0	0.411	0.475
Glu	GAA	94	85	106	1.593 0	1.589	1.525
Phe	UUU	213	193	246	1.092 0	1.038	1.128
Phe	UUC	177	179	190	0.908 0	0.962	0.872
Gly	GGU	173	167	172	2.291	2.288	2.072
Gly	GGG	11	13	14	0.146	0.178	0.169

续　表

氨基酸	密码子	使用次数			RSCU		
		金花菌	假灰绿曲霉	谢瓦曲霉	金花菌	假灰绿曲霉	谢瓦曲霉
Gly	GGC	1	0	0	0.013	0	0
Gly	GGA	117	112	146	1.550	1.534	1.759
His	CAC	40	41	42	0.899	0.976	0.866
His	CAU	49	43	55	1.101	1.024	1.134
Ile	AUU	198	181	221	1.160	1.141	1.087
Ile	AUC	35	32	38	1.635	0.202	0.187
Ile	AUA	279	263	351	0.205	1.658	1.726
Lys	AAA	169	101	171	1.943	1.942	1.921
Lys	AAG	5	3	7	0.057	0.058	0.079
Leu	CUA	37	37	50	1.682	1.783	1.802
Leu	CUC	0	0	0	0	0	0
Leu	CUG	3	5	3	0.136	0.241	0.108
Leu	CUU	48	41	58	2.182	1.976	2.090
Leu	UUA	617	578	738	1.943	1.953	1.940
Leu	UUG	18	14	23	0.057	0.047	0.060
Met	AUG	117	115	140	1.000	1.000	1.000
Asn	AAC	48	46	55	0.381	0.453	0.390
Asn	AAU	204	157	227	1.619	1.547	1.610
Pro	CCU	96	89	109	1.462	2.358	2.565
Pro	CCG	2	1	3	0.026	0.026	0.071
Pro	CCA	57	60	57	2.462	1.589	1.341
Pro	CCC	1	1	1	0.051	0.026	0.024
Gln	CAA	101	94	122	1.820	1.808	1.755

续 表

氨基酸	密码子	使用次数			RSCU		
		金花菌	假灰绿曲霉	谢瓦曲霉	金花菌	假灰绿曲霉	谢瓦曲霉
Gln	CAG	10	10	17	0.180	0.192	0.245
Arg	AGA	101	78	96	2.000	2	1.939
Arg	AGG	0	0	3	0	0	0.061
Arg	CGA	0	0	2	0	0	0.615
Arg	CGC	0	0	0	0	0	0
Arg	CGG	0	0	0	0	0	0
Arg	CGU	13	8	11	4.000	4	3.385
Ser	AGC	11	5	16	0.152	0.072	0.172
Ser	AGU	134	133	170	1.848	1.928	1.828
Ser	UCA	141	128	157	2.043	2.048	1.880
Ser	UCC	5	4	8	0.072	0.064	0.096
Ser	UCG	4	3	3	0.058	0.048	0.036
Ser	UCU	126	115	166	1.826	1.840	1.988
Thr	ACA	141	133	162	0.016	2.254	2.160
Thr	ACC	1	0	0	2.212	0	0
Thr	ACU	110	100	132	0.047	1.695	1.760
Thr	ACG	3	3	6	1.725	0.051	0.080
Val	GUU	128	118	135	1.476	1.498	1.492
Val	GUG	18	18	15	0.207	0.229	0.166
Val	GUC	3	0	2	0.035	0	0.022
Val	GUA	198	179	210	2.282	2.273	2.320
Trp	UGA	52	54	49	1.962	1.964	1.922
Trp	UGG	1	1	2	0.038	0.036	0.078

续 表

氨基酸	密码子	使用次数			RSCU		
		金花菌	假灰绿曲霉	谢瓦曲霉	金花菌	假灰绿曲霉	谢瓦曲霉
Tyr	UAC	61	57	66	0.480	0.516	0.447
Tyr	UAU	193	164	229	1.520	1.484	1.553

四、线粒体基因组 tRNA 基因

金花菌、假灰绿曲霉、谢瓦曲霉线粒体 tRNA 分别拥有 25、26、26 个 tRNA 基因，长度介于 71 ～ 86 bp 之间，在 DNA 链上分布较为集中，大部分基因集中在 *atp6–lrRNA–cox1* 序列的间区。除 *trnM-CAT*、*trnH-GTG* 在 3 株供试菌线粒体 DNA 中分别出现了 10 次、4 次外，其余 tRNA 的出现频率均在 3 次以内。3 株供试菌的 tNRA 可以转运 Sec、Pyl 之外的 20 种氨基酸。所有 tRNA 均包含氨基酸受体臂、DHU 臂（双氢尿嘧啶臂）、反密码子臂与 TΨC 臂，可形成典型的三叶草结构。77 个 tRNA 二级结构（图 4–18）中，除 3 个 *trnH-GTG*、1 个 *trnM-CAT*、1 个 *trnR-ACG* 的氨基酸受体臂长度为 6 bp 之外，其余氨基酸受体臂长度均为 7 bp；除 2 个 *trnK-TTT*、1 个 *trnS-GCT*、3 个 *trnV-TAC*、1 个 *trnH-GTG*、2 个 *trnL-TAA*、2 个 *trnT-TGT* 的反密码子臂长为 4 bp，其余均为 5 bp；除 2 个 *trnL-TAA*、1 个 *trnT-TGT* 反密码子环长度为 9 bp 外，其余 tRNA 的反密码子环长度均为 7 bp；所有 tRNA 的 TΨC 环长度均为 7 bp。此外，共有 15 个 tRNA（3 个 *trnY-GTA*、3 个 *trnS-GCT*、3 个 *trnS-TGA*、3 个 *trnL-TAA*、3 个 *trnL-TAG*）存在长短不一的可变环。

tRNA 在二级结构折叠过程中会出现碱基错配现象，碱基错配在金花菌、假灰绿曲霉、谢瓦曲霉的 tRNA 中发生均较为频繁，其中金花菌 tRNA 中共出现了 35 处碱基错配，均属于 G–U 错配，且错配碱基对在 tRNA 分子的不同部位均有分布，其中氨基酸接受臂 11 对、反密码子臂 15 对、TΨC 臂 4 对、双氢尿嘧啶臂 4 对、可变臂 1 对。此类 G–U 碱基错配的现象在近缘属青霉的 tRNA 二级结构中也较为常见[90]。

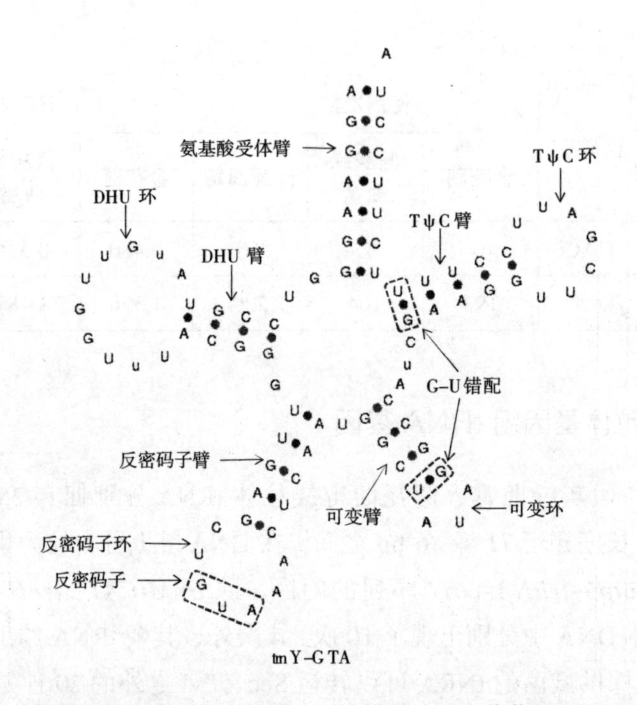

图 4-18　线粒体基因组 tRNA 基因二级结构图（以金花菌 trnY-GTA 为例）

五、线粒体基因组重排分析

根据真菌线粒体基因的变化情况，基因重排主要包括基因易位（translocations）、基因倒置（local inversions）和基因混排（shuffling）3种类型[91]，此外，还会伴随基因片段复制和丢失现象。7 种供试菌的线粒体基因排列情况如图 4-19 所示，蛋白质编码基因数量为 14 ～ 16 个、tRNA 基因数量为 25 ～ 26 个，rRNA 数量均为 2 个。除金花菌、假灰绿曲霉、*A. parasiticus* 3 株供试菌多一个 *rps5*，谢瓦曲霉多 2 个 *nad2* 拷贝外，7 种供试菌的蛋白编码基因与 rRNA 的排列方式完全一致，符合曲霉属真菌的典型特征[88]。基因重排现象主要发生在 7 株供试菌的 tRNA 基因中，其中金花菌新增了一个 *trnM-CAT* 基因、且 *trnT-TGT* 基因缺失；*A. parasiticus* 新增了一个 *trnN-ATT* 基因；假灰绿曲霉的 *trnQ-TTG* 被 *trnH-GTG* 所替换；*A. tubingensis* 的 *trnT-TGT* 基因被 *trnY-GTA* 所替换，且 *trnL-TAG* 与 *trnQ-TTG* 位置发生了互换，此外，所有供试菌线粒体均未出现基因倒置和基因混排的现象。7 株供试菌中，与金花菌线粒体全基因组排列方式最为接近的是假灰绿曲霉，二者只有 4 个基因序列的差异，而与其他真菌之间都存在 5 ～ 7 个基因序列的差异。

MT457782	NC041427.1	MT528261	NC041445.1	NC040166.1	NC007445.1	NC007597.1
Aspergillus cristatum	*Aspergillus pseudoglaucus*	*Aspergillus chevalieri*	*Aspergillus parasiticus*	*Aspergillus luchuensis*	*Aspergillus niger*	*Aspergillus tubingensis*
trnR-ACG	trnR-ACG	trnR-ACG	trnR-ACG	trnR-ACG	trnR-ACG	trnR-ACG
nad4L	nad4L	nad4L	nad4L	nad4L	nad4L	nad4L
nad5	nad5	nad5	nad5	nad5	nad5	nad5
nad2	nad2	nad2	nad2	nad2	nad2	nad2
		★ nad2				
		★ nad2				
cob	cob	cob	cob	cob	cob	cob
	trnC-GCA	trnC-GCA	trnC-GCA	trnC-GCA		
nad1	nad1	nad1	nad1	nad1	nad1	nad1
			★ trnN-ATT			
nad4	nad4	nad4	nad4	nad4	nad4	nad4
trnR-TCT	trnR-TCT	trnR-TCT	×	trnR-TCT	trnR-TCT	trnR-TCT
trnN-GTT	trnN-GTT	trnN-GTT	trnN-GTT	trnN-GTT	trnN-GTT	trnN-GTT
atp8	atp8	atp8	atp8	atp8	atp8	atp8
atp6	atp6	atp6	atp6	atp6	atp6	atp6
				trnG-TCC	trnG-TCC	trnG-TCC
srRNA	srRNA	srRNA	srRNA	srRNA	srRNA	srRNA
trnY-GTA	trnY-GTA	trnY-GTA	trnY-GTA	trnY-GTA	trnY-GTA	trnY-GTA
nad6	nad6	nad6	nad6	nad6	nad6	nad6
cox3	cox3	cox3	cox3	cox3	cox3	cox3
trnK-TTT	trnK-TTT	trnK-TTT	trnK-TTT	trnK-TTT	trnK-TTT	trnK-TTT
trnG-ACC	trnG-ACC	trnG-ACC	trnG-ACC	trnG-ACC	trnG-ACC	trnG-ACC
trnG-TCC	trnG-TCC	trnG-TCC	trnG-TCC			
trnD-GTC	trnD-GTC	trnD-GTC	trnD-GTC	trnD-GTC	trnD-GTC	trnD-GTC
trnS-GCT	trnS-GCT	trnS-GCT	trnS-GCT	trnS-GCT	trnS-GCT	trnS-GCT
trnW-TCA	trnW-TCA	trnW-TCA	trnW-TCA	trnW-TCA	trnW-TCA	trnW-TCA
trnI-GAT	trnI-GAT	trnI-GAT	trnI-GAT	trnI-GAT	trnI-GAT	trnI-GAT
trnS-TGA	trnS-TGA	trnS-TGA	trnS-TGA	trnS-TGA	trnS-TGA	trnS-TGA
trnP-TGG	trnP-TGG	trnP-TGG	trnP-TGG	trnP-TGG	trnP-TGG	trnP-TGG
lrRNA	lrRNA	lrRNA	lrRNA	lrRNA	lrRNA	lrRNA
rps5	rps5		rps5			
×	trnT-TGT	trnT-TGT	trnT-TGT	trnT-TGT	trnT-TGT	● trnY-GTA
trnE-TTC	trnE-TTC	trnE-TTC	trnE-TTC	trnE-TTC	trnE-TTC	trnE-TTC
trnV-TAC	trnV-TAC	trnV-TAC	trnV-TAC	trnV-TAC	trnV-TAC	trnV-TAC
trnM-CAT	trnM-CAT	trnM-CAT	trnM-CAT	trnM-CAT	trnM-CAT	trnM-CAT
trnM-CAT	trnM-CAT	trnM-CAT	trnM-CAT	trnM-CAT	trnM-CAT	trnM-CAT
★ trnM-CAT						
trnL-TAA	trnL-TAA	trnL-TAA	trnL-TAA	trnL-TAA	trnL-TAA	trnL-TAA
trnA-TGC	trnA-TGC	trnA-TGC	trnA-TGC	trnA-TGC	trnA-TGC	trnA-TGC
trnF-GAA	trnF-GAA	trnF-GAA	trnF-GAA	trnF-GAA	trnF-GAA	trnF-GAA
trnL-TAG	trnL-TAG	trnL-TAG	trnL-TAG	trnL-TAG	trnL-TAG	▲ trnQ-TTG
trnQ-TTG	● trnH-GTG	trnQ-TTG	trnQ-TTG	trnQ-TTG	trnQ-TTG	▲ trnL-TAG
trnM-CAT	trnM-CAT	trnM-CAT	trnM-CAT	trnM-CAT	trnM-CAT	trnM-CAT
trnH-GTG	trnH-GTG	trnH-GTG	trnH-GTG	trnH-GTG	trnH-GTG	trnH-GTG
cox1	cox1	cox1	cox1	cox1	cox1	cox1
atp9	atp9	atp9	atp9	atp9	atp9	atp9
nad3	nad3	nad3	nad3	nad3	nad3	nad3
cox2	cox2	cox2	cox2	cox2	cox2	cox2

图 4-19　7 种曲霉线粒体基因排列顺序的比较

基因名前标“ × ”：缺失的基因
基因名前标“ ★ ”：新增的基因
基因名前标“ ● ”：替换的基因
基因名前标“ ▲ ”：易位的基因

图 4-19　7 种曲霉线粒体基因排列顺序的比较（续）

六、系统发育分析

为研究金花菌、假灰绿曲霉、谢瓦曲霉和近缘物种系统进化关系，采用最大似然法，以 *Aspergillus*、*Penicillium*、*Ophiocordyceps* 3 个属 19 种真菌的 14 个线粒体蛋白质编码基因序列构建了系统发育树，结果如图 4–20 所示，可知与金花菌亲缘关系最为接近的是假灰绿曲霉，其次是谢瓦曲霉，三者聚为一小簇，与曲霉属的 *A. fumigatus* 和 *A. clavatus* 进化关系较为接近。*O. sinensis* 作为外群单独成为一支，剩余 18 种真菌按发育关系可分为 4 小簇，第 1 簇为青霉属的 5 个物种：*P.* sp.+（*P. chrysogenum*+（*P. digitatum*+（*P. polonicum*+*P. solitum*）））；第 2 簇为 *A.* sp.+(*A. ustus*+*A. flavus*)+(*A. nidulans*+*A. puulaauensis*)；第 3 簇为 *A. luchuensis*+(*A. niger*+*A. tubingensis*)；　第 4 簇　为 *A. clavatus*+*A. fumigatus*+（*A. chevalieri*+（*A. pseudoglaucus*+*A. cristatus*))。并且各分支置信度均较高，有力地支持了青霉、曲霉属物种之间的系统发育关系。

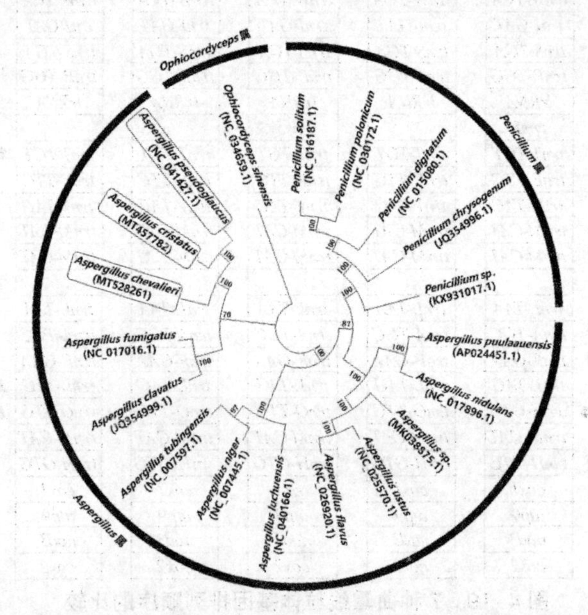

图 4–20　基于 19 种真菌线粒体蛋白质编码基因序列构建的最大似然法系统进化树

基于线粒体DNA信息所阐明的曲霉属、青霉属物种进化关系与以往的研究结论较为相似，如Chen等[92]采用贝叶斯法，基于线粒体基因构建的系统发育树；Asaf等[93]采用最大似然法与贝叶斯法，基于完整线粒体基因组构建的系统发育树，本书所得到的结论与上述研究基本一致：如*A. flavus*与*A. ustus*聚为一小支，*A. tubingensis*与*A. niger*聚为一小支，*P. solitum*、*P. polonicum*、*P. digitatum*三者亲缘关系密切等。由此表明，线粒体基因组信息能较稳定、可靠地反映不同微生物的种间关系。

七、不同序列种内、种间遗传距离

遗传距离是衡量物种间变异程度大小的标尺，分类阶元越高，遗传距离越大，可为传统分类学提供有效的依据[94]。统计30株真菌6个基因序列*cob*、*cox1*、*cox2*、*cox3*、*nad2*、*nad6*的种内、种间平均遗传距离值，如表4-12所示。种内遗传距离除*cob*为0.013外，其余均小于0.001，满足Hebert等[95]所提出的同一物种种内遗传距离应小于0.02的条件；*cob*、*cox1*、*cox2*、*cox3*、*nad2*、*nad6* 6个基因序列的种间遗传距离平均值分别为0.223、0.601、0.196、0.159、0.105、0.280，均超过种内遗传距离平均值10倍以上，满足分子标记序列所需的种间遗传距离 / 种内遗传距离 > 10的要求[95]，鉴于此，所选6个基因序列均符合开发分子标记的基本条件。此外，由进化速率*cox1* > *nad6* > *cob* > *cox2* > *cox3* > *nad2*可知，*cox1*与*nad6*具有更高的分子标记开发潜力。

表4-12　*cob*、*cox1*、*cox2*、*cox3*、*nad2*、*nad6*序列遗传距离对比

基因名称	种内平均值	种间平均值
cob	0.013	0.223
cox1	< 0.001	0.601
cox2	< 0.001	0.196
cox3	< 0.001	0.159
nad2	< 0.001	0.105
nad6	< 0.001	0.280

八、基于 *cob*、*cox1*、*cox2*、*cox3*、*nad2*、*nad6* 序列的系统发育树

由于线粒体不同基因的进化速度存在差异，所构建的进化树拓扑结构也不同。基于线粒体 *cob*、*cox1*、*cox2*、*cox3*、*nad2*、*nad6* 序列，采用 Maximum Likelihood 法构建的系统进化树如图 4–21 所示，6 个线粒体基因作为分子标记均能在一定程度上区分 *Penicillium* 属、*Talaromyces* 属和 *Aspergillus* 属物种之间的关系，使得不同单位基本聚集在有效的子分支上，且 6 个基因所构建的系统树拓扑结构大致相符，所揭示的物种系统发育关系相似度较高。

但是，利用单基因作为曲霉属及其近缘物种分子标记仍然存在着一些不足之处，主要包括：①除 *nad6* 外，其余序列均无法有效区分 *A. flavus* 与 *A. ustus*；② *cob* 序列构建的系统树在 *A. chevalieri*（AP024424.1）与 *A. chevalieri*（MT528261）的划分上存在异常，二者间遗传距离达到了 0.182，超出种内距离平均值；③ *cox3* 序列构建的系统树中，*P.* sp. 的分类地位与其他基因系统树以及蛋白编码基因系统树（图 4–21）有着较大差异，被划分到了与曲霉属更为接近的一大簇中；④ *nad6* 序列所构建的系统树无法有效区分 *A. chevalieri* 与 *A. cristatus*，二者被划分为同一小支。

此外，还有一些基因序列显示的物种间遗传距离过小，远低于物种间差异 2% 的遗传距离 [95]，从而无法在系统树上形成显著的分支，如：① *cob* 序列构建的系统树无法较好地区分 *A. tubingensis*、*A. luchuensis* 与 *A. niger*（遗传距离值 0.003 ～ 0.004）；② *cox2* 构建的系统树无法有效区分 *A. luchuensis* 与 *A. tubingensis*（遗传距离为 0.004）。因此，还需要试验多基因序列的组合，来实现更为准确的物种间区分。

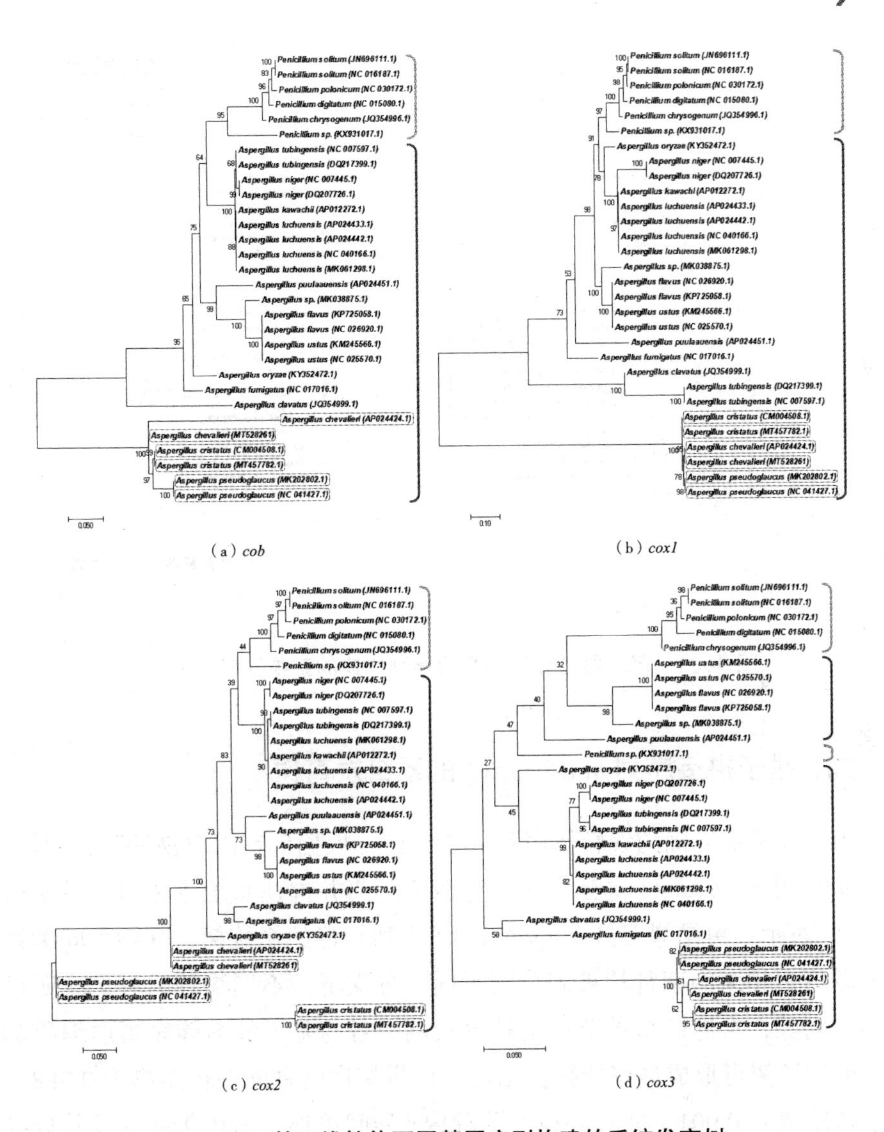

（a）*cob*

（b）*cox1*

（c）*cox2*

（d）*cox3*

图 4-21　基于线粒体不同基因序列构建的系统发育树

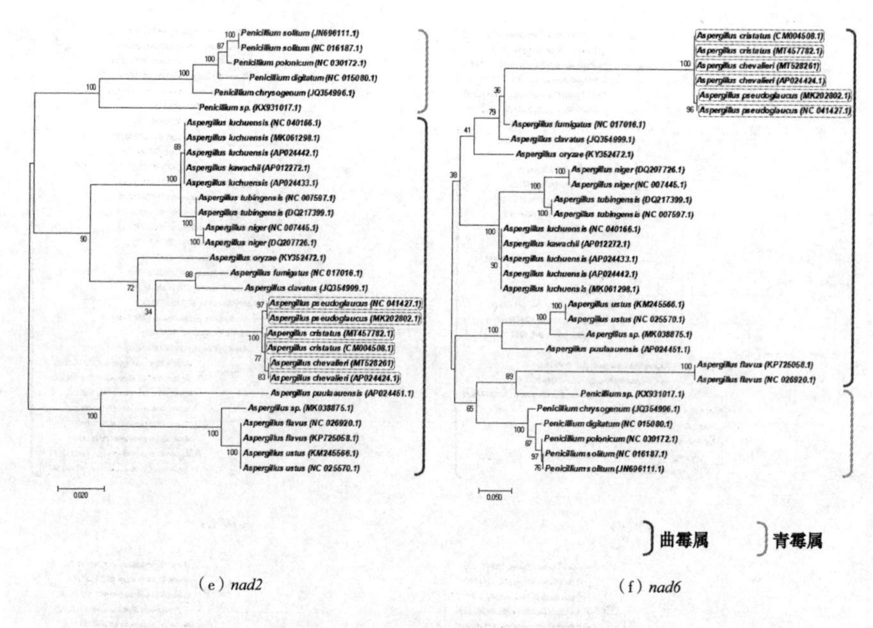

（e）*nad2*　　　　（f）*nad6*

图 4–21　基于线粒体不同基因序列构建的系统发育树（续）

九、基于拼接序列 *nad6+cox1* 的系统发育树

为了开发更准确的线粒体序列分子标记，根据单基因对物种鉴别的结果，进一步采用 *nad6+cox1* 拼接序列计算遗传距离并构建系统进化树，系统树如图 4–22 所示。由结果可知，*nad6+cox1* 序列构建的系统树，其物种间关系分辨率较高，相同的菌种均被划分到了同一分支下，不同物种间可形成明显的条形码间隙，自展分析的节点支持率较高，且与基于线粒体全蛋白编码基因构建的系统树可形成良好的拓扑结构。该拼接序列种间遗传距离为 0.388，种内遗传距离 < 0.001，能较好地区分种内 / 种间单位，适用于曲霉及其近缘种属遗传差异的分析。此外，黑茶中的 3 种近缘微生物金花菌、谢瓦曲霉、假灰绿曲霉相互之间的遗传距离均超过了 2% 的种间距离值，可依据此组合序列条形码较好地区分开来。虽然 *A. kawachii* 与 4 株 *A. luchuensis* 在系统树上被聚在同一小支上，但根据 Yamada 等 [96] 的研究，二者实为同一真菌的不同名称。

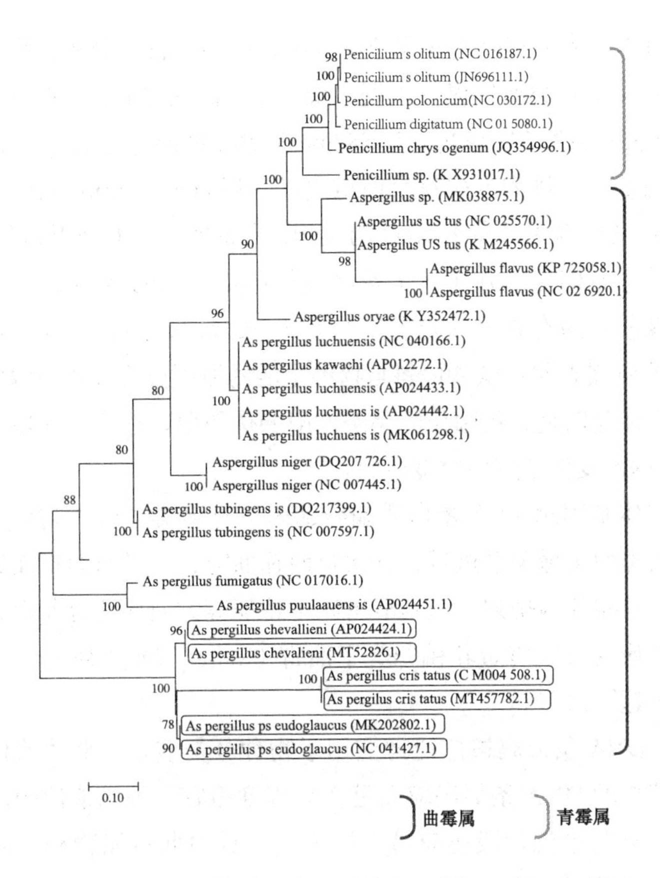

图 4-22　基于 *nad6+cox1* 拼接序列构建的系统发育树

第三节　小结与讨论

在第二代高通量测序技术的支撑下，线粒体全基因组测序工作变得高效便捷。与基于 ITS 测序的物种鉴定技术相比，线粒体基因组信息在物种分类鉴定识别上更为准确和全面，也蕴含更丰富的遗传信息，甚至在基因结构及排列顺序方面也能阐明物种间的差异。目前，线粒体基因组测序技术已被广泛应用于物种起源及遗传分化、种间关系、种群遗传结构等研究领域。本研究对黑茶中优势微生物金花菌及其近缘种线粒体基因组序列进行了分析，研究结论可为揭示其进化关系及分类地位提供依据。金花菌、假灰绿曲霉、谢瓦曲霉线粒体基因组序列全长分别为 77 649 bp、53 882 bp 和 56 139 bp，分别包括 15、15、16 个蛋白质编码基因，排列方式符合曲霉属的一般特征。分析核苷酸组成发现，金花菌 A+T 碱基比例明显高于 G+C 的比例，和曲霉属线粒体基因组的 A–T 偏向性特征相符。不同之处在于，金花菌线粒体基因组的 AT 偏斜、GC 偏斜与另外 6 种近缘曲霉间存在着一定差别，其 T、C 碱基的偏好性略高于近缘种，Weber 等 [97] 的研究表明，碱基偏斜与物种生活的地理位置及环境温度存在一定关联，推测这种差别是金花菌作为黑茶发酵的优势菌，在人工环境的长期影响下其线粒体 DNA 发生了定向突变所致。

利用线粒体基因组 14 个蛋白质编码基因进行聚类分析，结果表明，金花菌与假灰绿曲霉的亲缘关系最近，其次是谢瓦曲霉，三者与曲霉属其他物种共聚为一大支，且在基因排列、氨基酸密码子特征等方面均符合曲霉属的典型特征，据此，本研究支持将金花菌归类于曲霉（*Aspergillus*）属并使用冠突曲霉（*A. cristatus*）这一命名。

近年来，DNA 条形码被广泛地应用于物种分类鉴定、群体遗传关系等方面的研究，理想的 DNA 条形码应满足变异程度适宜、种内遗传距离小于种间遗传距离，此外其序列片段还应易于扩增 [98]。针对曲霉属物种不同环境下表型差异较大、鉴别困难的问题，本研究对线粒体 DNA 序列开发分子标记的可行性进行了探讨，筛选了 *cob*、*cox1*、*cox2*、*cox3*、*nad2*、*nad6* 6 个长度在 600 ～ 1 800 bp 的基因作为候选序列，进行进化速率计算及系统发育分析，结果显示，6 个单基因序列所构建的系统树拓扑结构大致相同，金花菌、假灰绿曲霉、谢瓦曲霉 3 种近缘菌具有较高的序列同源性，其他菌株的亲缘关系也基本符合以往研究结论。6 个单基因序列中，*cox1* 的进化速度最快，种间平均遗传距离达到 0.601，对除 *A. flavus*、*A. ustus* 之外的真菌有着较高的分辨率，并且序列长度较为适宜，是适用性较好的单基因序列分子标记，这与 Damon[99]、Li[100] 对 *Pezizomycotina*、*Laetiporus sulphureus* 等真菌进行分子标记开发获得的结论一致。

为了弥补一部分菌株无法被单基因序列标记的不足，本研究探讨了组合序列 *nad6+cox1* 开发分子标记的可行性，结果表明，二种标记组合可有效区分所有供试菌株，用其所构建的系统树与线粒体全蛋白质编码基因系统树拓扑结构较为一致，且分支置信度较高，能较好地反映曲霉属及其近缘单位进化关系。通过线粒体序列复合条形码技术，可实现对真菌丰富的物种及高级分类单元多样性的准确鉴别，符合当下真菌分类学快速、准确和标准化的要求[101]，具有较大的应用潜力，不足之处在于，真菌线粒体DNA参考序列主要来自相关数据库，标本的可靠性会直接影响研究的结果，这给以序列比对为基础的真菌鉴定带来了一定的限制，并且目前曲霉属已发表了线粒体基因组信息的物种较为有限，更加准确、全面的分析结论还有待未来更多的测序数据支持。

本研究为明确黑茶中金花菌及近缘种的系统发育以及命名规则提供了重要依据，也为后续进一步对曲霉属物种进行线粒体基因组测定和分析，澄清单位之间的遗传进化关系奠定了基础，并在此基础上对适用于金花菌及近缘真菌鉴定的线粒体DNA条形码技术进行了探讨。通过分子生物学技术准确监测黑茶发酵过程中的微生物种群构成及变化，有利于茶叶精控发酵技术的开展，是提升黑茶产品品质及保障微生物安全的可行途径。

第十五章　金花菌两种生殖类型菌体转录组差异分析

作为全型真菌，金花菌在茶叶、自然环境中生长时存在着差异较大的有性型、无性型发育阶段[102]。研究表明，金花菌抗氧化、抑菌等相关的功能成分较多集中在有性孢子中[103-104]，或者与有性型菌体代谢产物密切相关[105]，而无性型菌体内所含成分及代谢物目前尚未被证实有显著生物活性。因此，金花菌发酵产品的生产应以诱导其有性型为主要目的。本研究拟选择金花菌两种生殖类型的菌体作为转录组测序的材料，一方面可用作转录组 SSR 分子标记开发的材料；另一方面，对金花菌不同生殖过程中相关功能基因进行挖掘，有望为诱导金花菌有性生殖的分化及高效产孢发酵工艺提供理论基础。

第一节　材料与方法

一、试验材料与试剂

（一）培养基

马铃薯蔗糖液体培养基：马铃薯 300 g/L、蔗糖 100 g/L，NaCl 0.5 mol/L，

琼脂粉 20 g/L。用于金花菌有性型菌体培养。

高盐马铃薯蔗糖液体培养基[106-108]：马铃薯 300 g/L、蔗糖 100 g/L，NaCl 3 mol/L，琼脂粉 20 g/L。用于金花菌无性型菌体培养。

（二）主要试剂、耗材

试验所用试剂、耗材如表 4-13 所示。

表 4-13　主要试剂、耗材

试剂、耗材名称	品牌 / 生产厂家
Qubit® RNA Assay Kit	Life Technologies，美国
RNA Nano 6 000 Assay 试剂盒	Agilent Technologies，美国
NEBNext® Ultra™ RNA Library Prep Kit 试剂盒	NEB，美国
EASYspin Plus 试剂盒	Aidlab Biotech，北京
USER 酶	NEB，美国
TruSeq PE Cluster Kit v3-cBot-HS	Illumia，美国
NEB Next First Strand Synthesis Reaction Buffer（5×）试剂盒	New England Biolabs，美国
SYBR Green Real-time PCR Master Mix 试剂盒	力拓，武汉
Prime ScriptTM RT reagent Kit 试剂盒	takara，日本
M-MuLV 逆转录酶	生工，上海
DNA 聚合酶 I	生工，上海
RNase H	生工，上海
Phusion High-Fidelity DNA 聚合酶	APExBIO，美国
Universal PCR 引物	invitrogen，美国
Index（X）引物	invitrogen，美国
DL 2000 DNA Marker	百奥莱博，北京
琼脂糖	电泳级
CTAB	分析纯
蔗糖	分析纯
NaCl	分析纯

试验中所使用试剂的配制如未加特殊说明均按照《分子克隆实验指南》（第三版）[106]进行，并按照相关要求进行灭菌处理。

二、金花菌两种生殖方式菌体的制备

将马铃薯蔗糖液体培养基、高盐马铃薯蔗糖液体培养基按100 mL/瓶分装至400 mL组织培养瓶内并灭菌，用移液枪将1.0 mL金花菌JH1805孢子悬液接种至两种培养基内，摇匀后，将马铃薯蔗糖液体培养基、高盐马铃薯蔗糖液体培养基分别置28℃、32℃环境下培养。发酵至9 d时，挑取有性和无性菌体置于采样管，用液氮速冻后置–80℃冰箱中备用。

三、菌体RNA提取、文库构建及测序

金花菌两种生殖方式菌体RNA的提取、文库构建及测序参考徐正刚等[107]的方法进行，具体操作步骤如下。

（1）将菌体研磨破壁后，采用EASY spin Plus试剂盒提取总RNA，用1.0%琼脂糖凝胶检测RNA的降解、受污染情况。

（2）使用核酸蛋白测定仪分光光度计检测RNA质量，RNA纯度、浓度及完整性的检测分别基于Qubit® 2.0 Flurometer的RNA Assay Kit试剂盒、Agilent Bioanalyzer 2100系统的RNA Nano 6000 Assay试剂盒进行。

（3）取1.5 μg金花菌有性、无性菌体RNA作为测序材料，采用NEBNext® Ultra™ RNA Library Prep Kit试剂盒构建测序文库，并将索引代码添加到每个样品的属性序列中。使用聚–T寡聚连接的磁珠从总RNA中纯化mRNA，在高温下使用二价阳离子在NEBNext First Strand Synthesis Reaction Buffer（5×）中进行裂解；使用随机六聚体引物和M–MuLV逆转录酶合成第一链cDNA，随后使用DNA聚合酶Ⅰ和RNase H进行第二链cDNA合成；通过外切核酸酶/聚合酶将剩余突出端转变成平端；DNA片段3′末端腺苷酸化后，连接具有发夹环结构的NEBNext接头以准备杂交。

用AMPure XP系统（Beckman Coulter，Beverly，USA）纯化文库片段，在37℃下使用3 μL USER酶处理cDNA 15 min，再在95℃下变性5 min以进行接头连接，优先选择长度为250～300 bp的cDNA片段。

（4）将cDNA片段用Phusion High–Fidelity DNA聚合酶、Universal PCR

引物和 Index（X）引物进行 PCR 扩增，PCR 产物通过 AMPure XP 系统进行纯化，并在 Agilent Bioanalyzer 2100 系统上进行文库质量评估，使用 TruSeq PE Cluster Kit v3-cBot-HS 在 cBot 簇生成系统（cBot Cluster Generation System）上进行索引编码样品的聚类，簇生成后，在 Illumina Hiseq 平台上对文库制备物进行测序，并生成配对末端读数。

四、原始测序数据处理与统计

将原始数据中低质量的部分过滤去除后，得到高质量的 Clean Reads，用于转录组的数据分析，并计算 Clean Reads 序列重复度、Q20、Q30、GC 含量值。

五、转录组文库质量评估

对转录组文库质量进行评估，包括以下三个方面：

（1）插入片段长度的离散程度；

（2）mRNA 片段化的随机性以及降解情况；

（3）文库容量与 Mapped Data 是否充足。

六、基因结构分析与功能注释

采用 SnpEff[108] 分别从 SNP/InDel、可变剪接（alternative splicing）等方面对得到的基因进行结构分析，预测金花菌中可变剪接事件，并采用 ASprofile[109] 对两组样品的 12 类可变剪切事件进行分类和数量统计。利用 StringTie 对 Mapped Reads 进行拼接 [110]，与原基因组注释信息比对，挖掘金花菌的新转录本和新基因。

基因功能的注释基于以下数据库进行：GO（gene ontology），KO（KEGG ortholog），Nr（NCBI 非冗余蛋白质序列），Swiss-Prot（a manually annotated and reviewed protein sequence database），KOG/COG（clusters of orthologous groups of proteins）。

七、基因表达量及差异表达分析

采用 StringTie 软件分析基因的表达水平 [111]，表达水平采用 FPKM

（fragments per kilobase of transcript per million fragments mapped）值评估，计算公式如下：

$$\mathrm{FPKM}=\frac{\text{比对到某一转录本上的片段数目}}{\text{比对到转录本上的片段总数}\ (10^6)\times\text{转录本长度}\ (10^3\ \mathrm{bp})}$$

采用edgeR[112]筛选样品间的差异表达基因（differentially expressed genes，DEGs），基于金花菌两种生殖方式菌体表达量的比值，即差异倍数（fold change，FC）以及错误发现率（false discovery rate，FDR）来筛选两种菌体的差异表达基因，选择 FC ≥ 2 且 FDR < 0.01 作为差异表达基因的筛选标准，基因的上调 / 下调规律以金花菌有性组作为参照。

八、差异表达基因富集分析

利用topGO和KOBAS 2.0[113]分别对差异表达基因进行GO功能和KEGG通路富集因子（KS）计算与分析，KS值越小，表明富集差异越显著。

九、差异表达基因的qRT-PCR验证

随机选择16个不同类型的差异表达基因，采用实时荧光定量PCR（qRT-PCR）验证转录组差异表达基因定量水平的可靠性。提取菌体材料的总RNA，采用表4-14所示流程反转录为cDNA，qRT-PCR使用CFX96 TouchTM Real-Time PCR检测系统（Bio-Rad Laboratories，Redmond，WA）进行，qRT-PCR验证所用的基因及扩增引物如表4-15所示，相对表达水平用$2^{-\Delta\Delta CT}$法进行分析。

表4-14　金花菌cDNA反转录流程

步骤	说明	具体方法
1	反转录体系配制（10.0 μL）	5 × PrimeScript® Buffer（2.0 μL），PrimeScript® RT Enzyme（0.5 μL），50 μmol/L Oligo dT Primer（0.5 μL），6 bp random Primer（0.5 μL），Total RNA（调至250 ng/μL，2.0 μL），RNase Free dd H_2O（4.5 μL）
2	PCR反应程序	42℃持续60 min
		85℃持续5 s
3	qRT-PCR模板制备	获得的cDNA经稀释10倍后，作为qRT-PCR模板

续　表

步骤	说明	具体方法
4	qRT-PCR 反应体系配（20.0 μL）	10 μL SYBR Green Real-time PCR Master Mix（CWBIO）、0.5 μmol/L 正向和反向引物、2 μL cDNA 模板（100 ng）
5	qRT-PCR 反应程序（循环 45 次）	94℃持续 30 s
		94℃持续 12 s
		60℃持续 30 s
		72℃持续 40 s
		80℃持续 1 s，读板
6	升温	55℃升温至 99℃，每 0.5℃持续 1 s 读板一次

表 4-15　qRT-PCR 分析所用引物

基因 ID	名称	正向引物（5′→3′）	反向引物（5′→3′）
gene-SI65_01623	*DMC1*	TGGGTGTCTTGATTTACTGG	ATAGCACCGCAGATAATGG
gene-SI65_03381	*MAK16*	TGGAGTATGTTAGCGATGTTG	CGATCTTTGGTCCCTTCTT
gene-SI65_04244	*TRI12*	TGGAGGAACGAGGAAAGAG	ACCTCCTTGCTCCTTTCTC
gene-SI65_00520	*TPS1*	CAAGGAGCGACTGAGGGAC	CCAGGGTGGTAATGGAACA
gene-SI65_05372	*TMA23*	ATGGACGCCCAAGCCTACC	CACGCCTTCGTTGCCTGAT
gene-SI65_07896	*MSH5*	AACCAAGCCGTCGTTACTC	ATCTGTCCCACCGCTATCC
gene-SI65_02 741	*XYL4*	CCGTATCCGAATAAATGGC	ACAACAACATCCCGCTCAT
gene-SI65_05231	*Nhp2*	CGCTGAACTTGGTAACTCTG	GTATGTCTGGCTGAAATCCTC

续 表

基因 ID	名称	正向引物（5′→3′）	反向引物（5′→3′）
gene-SI65_05179	*FIP1*	CGATGCGGAGGAAGAAGAG	CGAAGAAGGTCGCTGAGAAT
gene-SI65_06277	*MAT1-2*	CCCAAATGCCTTTATCCTT	CAGTGCCTTGTAATGTGCC
gene-SI65_03481	*HypA*	GACCATCCGAGGGAGTTTA	ATCTGGAAGAGGCAGCAAT
gene-SI65_08202	*NADPH2*	CCCGTTTCGCCGCTAAGAC	GCCGCCGATGATGAGGATA
gene-SI65_05763	*OMS1*	GAACCAATCGCAATCCCTC	ACATTCCCTTTCGCCATCT
gene-SI65_09 719	*NFIA*	CCCACCTTTGTTCATCCCT	CACTTGAGCACCGTGTCGT
gene-SI65_01598	*NOD*	CCCTGTGCCAAGCAGTTAT	GTGCCACGCCTTGTCTATC
gene-SI65_01456	*XOG1*	CGGTTGGCTCGTGCTTGAA	AGTCCGCCTGGCTGATGAA

第二节　结果与分析

一、转录组测序质量

金花菌两种生殖方式菌体 cDNA 文库采用 IlluminaHiSeq 2500 平台测序，经去杂与去冗余处理后，获得的测序数据统计如表 4-16 所示，总计获得 34.40 Gb Clean Data 数据，其中有性组数据占 17.34 Gb、无性组为 17.06 Gb，各自包含 58 269 009 个和 57 200 456 个 pair-end Reads，GC 含量则分别为 49.87% 和 49.96%。

测序数据质量方面，金花菌有性、无性菌体组 Clean Data 中未能分辨的碱基所占比例均为 0，两组样品 Q30 值分别为 93.71%、94.06%，表明所构建的转录文库测序数据质量较高，可进一步开展后续分析。

表 4-16　金花菌两种生殖类型菌体测序数据统计

测序数据指标	说明	有性组	无性组
Base Sum	Clean Data 总碱基数	17 339 162 624 bp	17 060 644 640 bp
Read Sum	Clean Data 中 pair-end Reads 数	58 269 009 条	57 200 456 条
GC/%	Clean Data GC 含量	49.87%	49.96%
N/%	Clean Data 中未分辨碱基占总碱基的百分比	0	0
Q30/%	Clean Data 质量值 ≥ Q30 的碱基所占的百分比	93.71%	94.06%

二、基因结构分析

（一）基因组结构变异分析

常见于真菌基因组的变异包括单碱基错配（SNP）和插入缺失（InDel），前者指由单个核苷酸变异形成的遗传标记，后者指核苷酸链发生的小片段插入 / 缺失，二种突变均可能影响基因的表达水平或是导致基因功能的变化。对测序样品 SNP、InDel 类型及所在的区域进行统计，结果如图 4-23 所示。

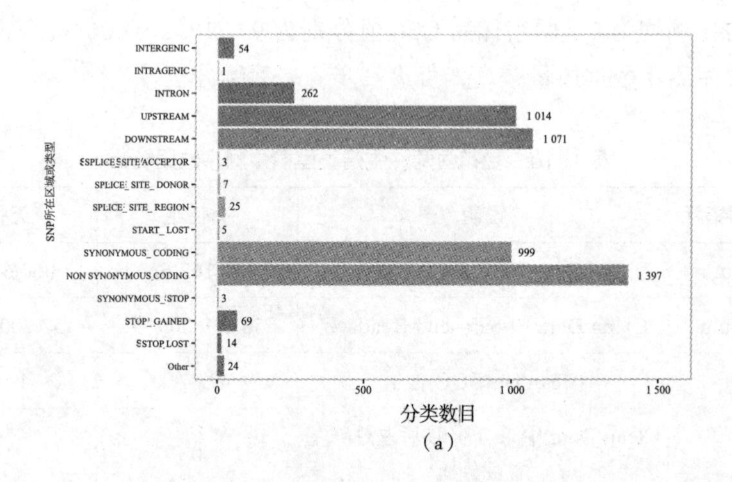

（a）

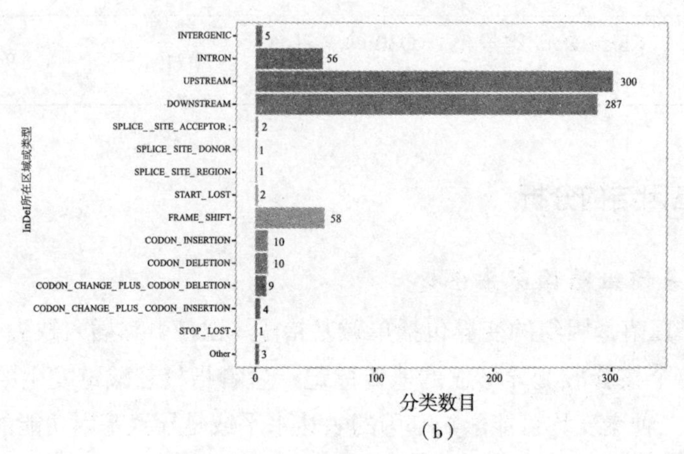

（b）

图 4-23　SNP/InDel 位点的分类

在两种生殖类型菌体转录组中共筛选出 4 948 个 SNP 位点、749 个 InDel 位点。SNP 有 1 071 条分布在非编码区（non synonymous coding），显著多于在编码区（synonymous coding）的数目；indel 则以移码（frame shift）类型为主，发生在内含子（intron）区域的突变也较多。不同突变在基因位置的分布上，snp 在基因上游（upstream）和下游（downstream）的突变数目分别为 1 014 个与 1 071 个，indel 数目则为 300 个与 287 个，在基因上下游的突变发生率较为接近。此外，也有少量单核苷酸突变和插入缺失发生在可变剪接（splice site）区域，而且多数发生在外显子的 1 ～ 3 个碱基或内含子的 3 ～ 8 个碱基处（splice site region）。

（二）可变剪切分析

可变剪接指基因转录生成的前体 mRNA，通过多种剪接方式产生不同的成熟 mRNA，最终翻译成不同的蛋白质，它与生物性状的多样性存在一定联系。采用 ASprofile 预测出的基因模型将两种菌体样本的 11 类可变剪切事件分别进行分类和数量统计，结果如图 4–24 所示，可以发现金花菌中的可变剪切事件主要发生在第一个外显子和最后一个外显子上，此外，两个样本的基因都存在一定程度的内含子滞留情况。

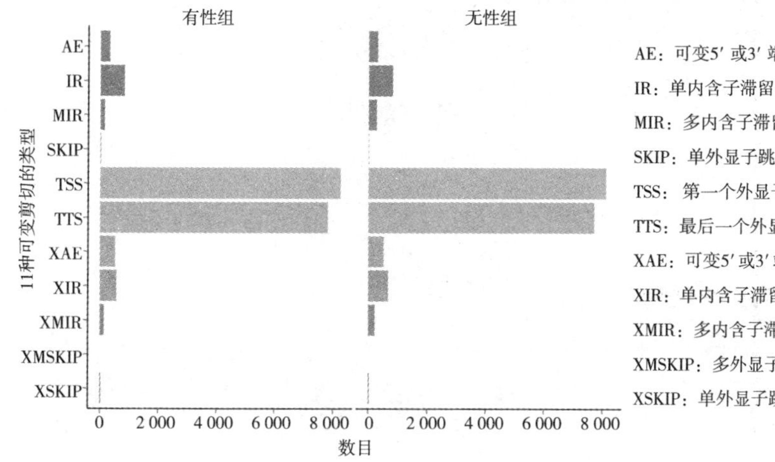

图 4–24　可变剪切类型统计

三、基因表达量分析

（一）差异表达基因筛选

采用 edgeR 筛选两组样品的差异表达基因，并对筛选出的差异基因 log2（FPKM）值进行分层聚类，以更加直观地观察整体基因的表达模式，结果如图 4–25 所示。共计从金花菌两种生殖方式菌体中筛选出 3 810 个差异表达基因，以有性组样品作为参照，无性组样品中共有 1 756 个基因呈上调表达，2 054 个基因呈下调表达。

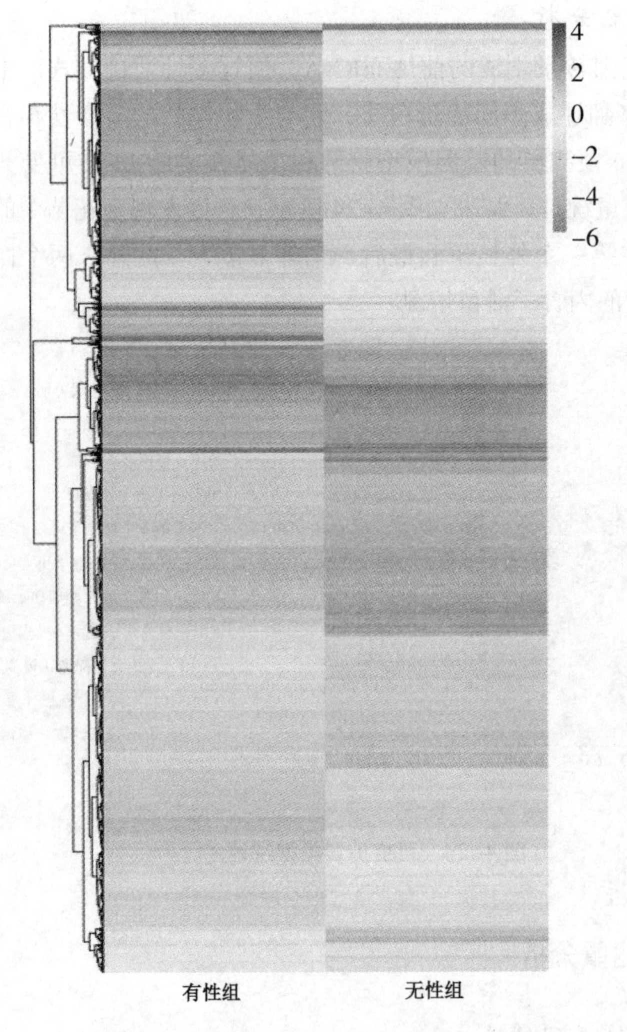

图 4-25　金花菌有性型和无性型差异表达基因聚类图

（二）基因表达量分布

基于 StringTie 分析样品中基因的表达情况，金花菌有性型 / 无性型菌体基因的 FPKM 值如表 4-17、图 4-26 所示，两种生殖类型样本基因均以中丰度（10 ≤ FPKM < 500）以及低丰度（0 < FPKM < 10）表达为主，其比例分别为 47.67％、51.36％以及 48.32％、50.64％。高峰度（FPKM ≥ 500）基因在有性组和无性组中的数目分别为 102 条和 109 条，有 53 条相同基因在两个文库中同时呈高峰度表达，其中包括 4 个新发现基因（new gene），这些高

表达基因可能对金花菌的生物学过程发挥着重要的基础调控作用。

表 4-17　金花菌两种生殖类型菌体基因表达情况

文库	有性组	无性组
高峰度基因（FPKM ≥ 500）	102（0.98%）	109（1.04%）
中丰度基因（10 ≤ FPKM < 500）	4 986（47.67%）	5 041（48.32%）
低丰度基因（0 < FPKM < 10）	5 372（51.36%）	5 283（50.64%）

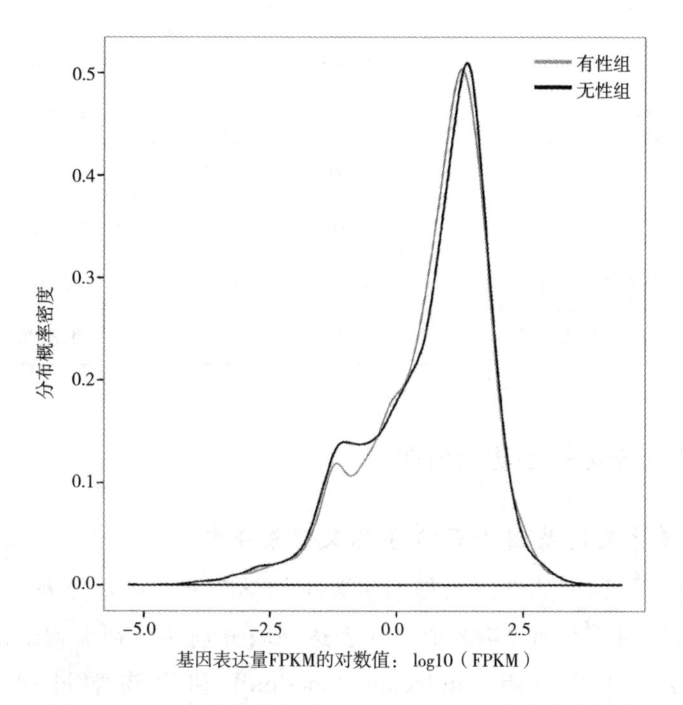

图 4-26　金花菌有性组 VS 无性组 FPKM 密度分布对比

四、差异表达基因的功能注释与富集分析

将金花菌两种生殖类型样本 3 810 个差异表达基因在 COG、GO、KEGG 等 8 个数据库进行功能注释，统计注释结果如表 4-18 所示，共有 3 741 个（98.19%）差异表达基因在 8 个公共数据库得到了注释，以 NR、eggNOG、GO 数据库得到注释的基因数目较多，此外，还有 69 个差异表达基因未被成

功注释。

表 4-18　金花菌两种生殖类型差异表达基因注释情况

数据库	差异表达基因数量	注释基因数占总基因的百分比
COG	1 585	41.60%
GO	2 468	64.78%
KEGG	1 003	26.33%
KOG	1 701	44.65%
NR	3 740	98.16%
Pfam	2 626	68.92%
Swiss	2 046	53.70%
eggNOG	3 205	84.12%
被注释的差异表达基因	3 741	98.19%
未被注释的差异表达基因	69	1.81%

五、差异表达基因功能分类

（一）差异表达基因的 GO 分类及富集分析

为了确定差异表达基因行使的主要生物学功能，将差异表达基因在 GO 数据库进行比对，共有 2 468 个差异表达基因分别注释到细胞组分（cellular component）、分子功能（molecular function）和生物学过程（biological process）3 大类 60 个功能分支中。2 468 个差异表达基因共被注释 9 305 次，说明 1 个基因产物可在多个生物过程中发挥功能。

分析差异表达基因在 GO 数据库中的富集分类情况可知在生物学过程（biological process，BP）功能组中，涉及氧化还原过程（oxidation-reduction process）、跨膜运输（transmembrane transport）和 RNA 聚合酶启动子转录调控（regulation of transcription from RNA polymerase Ⅱ promoter）的差异表达基因数量最多，分别有 409 个（22.02%）、186 个（10.02%）和 89 个（4.79%）。

在细胞组分（cellular component，CC）功能分类中，膜的组成部分（integral component of membrane）、细胞核（nucleus）和胞质溶胶（cytosol）涉及的差异表达基因数量最多，分别为 712 个（45.61%）、249 个（15.95%）和 167 个（10.70%）。在分子功能（molecular function，MF）类别中，具有锌离子结合（zinc ion binding）、氧化还原酶（oxidoreductase activity）和 ATP 结合（ATP binding）功能的差异基因数量最多，分别有 192 个（10.02%）、162 个（8.45%）和 159 个（8.29%）。

为了进一步了解金花菌两种生殖方式菌体差异表达基因的生物学功能富集情况，将差异表达基因的功能分类及其表达水平进行聚类。从金花菌两种不同类型生殖方式菌体差异表达基因 GO 富集聚类结果可以分析得出，其表达量差异最显著的基因主要涉及酰胺绑定（amide binding）、基于微管的过程（microtubule-based process）、细胞讯息传递（cell communication）、蛋白质 -DNA 复合物（protein-DNA complex）、前孔膜前缘（prospore membrane leading edge）和菌丝生长（filamentous growth）等方面功能。

（二）差异表达基因的 KEGG 代谢途径分类及富集分析

微生物的每个基因都是参与到代谢途径或者信号转导途径中行使功能，为了更系统地理解差异表达基因的功能，对差异表达基因进行 KEGG 代谢途径分类及富集分析，结果表明，共有 1 003 个差异表达基因在 KEGG 数据库中被注释，并关联到 114 个代谢通路中。从功能上可分为细胞过程、环境信息处理、遗传信息处理和新陈代谢四大类，所占比例较高的类别如图 4-27 所示，其中以涉及生物合成抗生素（biosynthesis of antibiotics）途径的差异表达基因最多，共 84 个（15.76%），其次是涉及碳代谢（carbon metabolism）途径的差异表达基因，共 37 个（6.94%），此外，数量较多的还有涉及嘌呤代谢（purine metabolism）、氨基酸的生物合成（biosynthesis of amino acids）、真核生物核糖体合成（ribosome biogenesis in eukaryotes）的差异表达基因，分别为 34 个、33 个和 30 个。

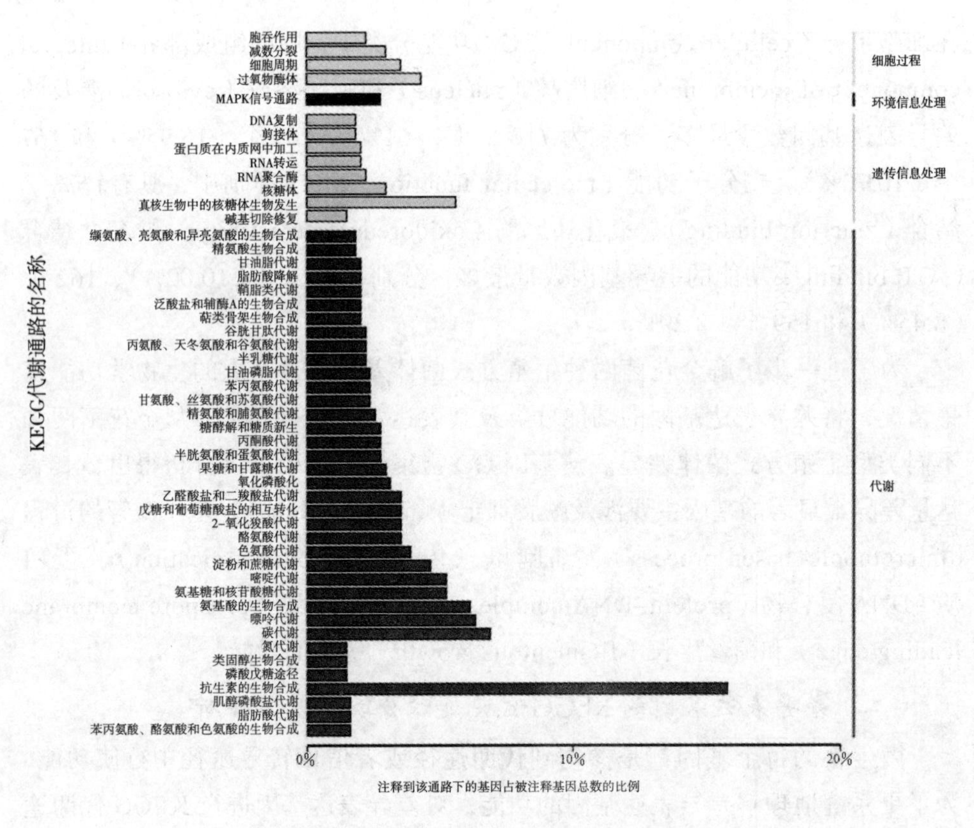

图 4-27　差异表达基因 KEGG 分类图

由 KEGG 分类结果可以看出，抗生素、氨基酸的生物合成以及碳、淀粉和蔗糖代谢在两种类型菌体的发育中都起着主要作用，涉及的基因数量较多，金花菌两种生殖方式菌体的差异表达基因在这几个通路富集，从基因层面解释了有性生殖结构形成的原因，尤其是氮代谢相关基因在金花菌无性组中上调显著，如表 4-19 所示，说明无性结构的产生过程需要比有性结构消耗更多的氮素，这部分氮素可能被用于分生孢子头、分生孢子梗等组织的构成当中。

表 4-19　与氮代谢途径相关的基因在金花菌有性组和无性组中的表达水平

基因 ID	基因名称	KEGG 注释结果	表达规律	有性组 FPKM	无性组 FPKM	$\log_2 FC$
gene-SI65_00369	*glnA*	谷氨酰胺合成酶	上调	173.514 821	468.553 041	1.326 846 63
gene-SI65_03193	*GDH*	谷氨酸脱氢酶（$NADP^+$）	上调	291.214 844	697.088 196	1.154 828 57
gene-SI65_04488	*cyn1*	氰酸酯裂解酶	下调	168.561 752	52.007 275	−1.800 542 73
gene-SI65_07711	*crnA*	NNP 家族，亚硝酸盐转运蛋白	上调	0.092 316	122.684 402	10.197 375 7
gene-SI65_07712	*niiA*	亚硝酸还原酶（NAD（P）H）	上调	70.168 299	970.107 251	3.182 906 12
gene-SI65_07713	*niaD*	硝酸还原酶（NAD（P）H）	上调	19.848 103	593.341 003	4.797 148 58
gene-SI65_07921	*FmdS*	甲酰胺酶 FmdS	下调	54.372 28	25.054 346	−1.222 332 83
gene-SI65_09505	*NIA*	硝酸还原酶（NAD（P）H）	上调	0.013 499	1.845 138	6.945 144 65

注释到KEGG代谢途径的差异表达基因共有1 003个，其中显著富集的代谢途径包括包括戊糖和葡萄糖醛酸酯的相互转化（Pentose and glucuronate interconversions）、淀粉和蔗糖代谢（starch and sucrose metabolism）、鞘脂代谢（sphingolipid metabolism）、氨基糖和核苷酸糖代谢（amino sugar and nucleotide sugar metabolism）、嘧啶代谢（pyrimidine metabolism）等KEGG代谢途径。这些差异表达基因富集的代谢途径中，较多与活性产物的合成有关，如抗生素生物合成、泛酸与辅酶A生物合成、萜类骨架的生物合成等，这些次级代谢产物可能与金花菌所具有的生物活性有关。

六、差异表达基因的qRT-PCR验证

为验证转录组测序结果及差异表达基因定量水平的准确性，对随机选取的16个差异表达基因进行qRT-PCR检测，结果如图4-28所示，可知本研究通过Illumina测序结果得到的金花菌有性组/无性组的基因表达水平基本与qRT-PCR检测结果一致，两种方法所检测到的同一基因表现出相似的上调/下调趋势，虽然每种基因具体表达值存在一定差异，但可被认为是检测过程中方法的差别所致[107]。鉴于此，本研究的转录组测序数据准确可靠，可用于后续进一步分析。

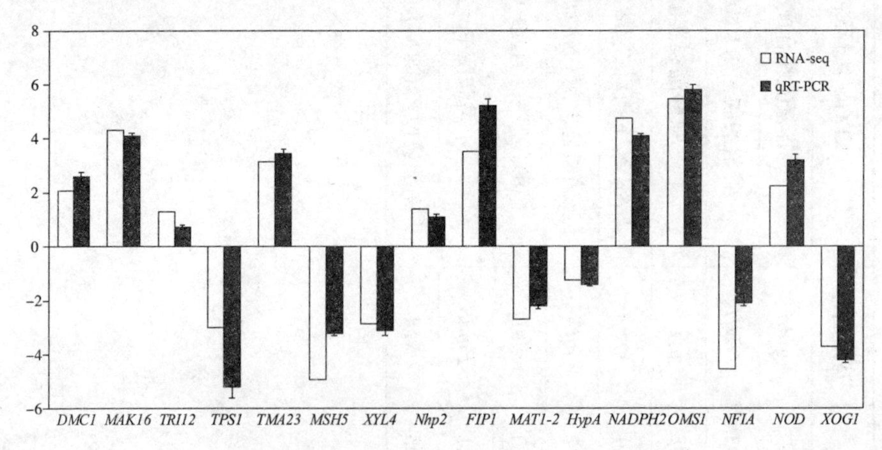

图4-28 qRT-PCR对差异表达基因分析结果的验证

七、与金花菌两种生殖方式相关基因的分析

（一）孢子壁合成相关基因的表达特征

研究表明，相较于无性孢子，真菌通过有性生殖途径产生的孢子通常具有更厚的细胞壁与更复杂的细胞结构，从而表现出对不良生存环境（高温、高渗、低养分等）较强的适应能力[114–115]。这一现象在金花菌有性生殖结构中也得到了体现，如其子囊孢子可在干燥条件下进行长达数十年的休眠而仍保持萌发活力[116]，具有较强的抗逆性。并且通过扫描电镜观察发现，金花菌子囊孢子比分生孢子体积更大且孢子壁更厚，因此，两种生殖方式下合成孢子壁相关的组分及调控这些组分表达的基因应有所不同。一般认为，真菌细胞壁基本骨架由几丁质与葡聚糖构成的复杂网络结构所维系[117–118]。此外，一些真菌分生孢子的外部还包覆有特殊的黑色素层（melanin layer）[119]。

鉴于此，分析金花菌两种生殖方式菌体转录组序列中与几丁质、葡聚糖、黑色素层生物途径相关的基因，以了解它们在不同生殖方式下的差异表达情况，结果如表 4–20 所示。共筛选到 22 条符合条件的基因，其中与几丁质生物途径相关的基因有 9 条，6 条在无性组中下调表达，gene–SI65_06398、*ARB*（01663）、*ARB*（04376）、*chsD* 这 4 条调控几丁质合成酶或几丁质识别蛋白的基因在无性组中下调明显，其 $\log_2$FC 值分别为 –11.648 079 35、–11.187 055 70、–9.280 450 677、–7.186 765 432，可知金花菌有性孢子壁的形成对几丁质的依赖更为明显。其中 *chsD* 属于几丁质合成酶 *chs* 家族的一员，张玲等[120]的研究发现其与烟曲霉（*A. fumigatus*）生长速度及产孢能力显著相关。

与葡聚糖生物途径相关的 7 条基因中，4 条在无性组中上调表达，分别是 *gel4*、*gel2*、*ags1*、*KNH1*；3 条下调表达：*gas2*、*prnB*（01964）、*prnB*（01918），其中与 β–1,3–葡聚糖转移酶相关的基因共有 3 条（*gas2*、*gel4*、*gel2*），而 β–1,3–葡聚糖已被证实是许多真菌细胞壁的主要骨架组分，可维系其物理强度与坚固性[119]，此外，差异表达基因中还有 1 条与 β–1,6–葡聚糖合成相关（*KNH1*）、1 条与 α–1,3–葡聚糖合成相关（*ags1*）、2 条与 α–1,4–葡聚糖分支酶活性相关[*prnB*（01964）、*prnB*（01918）]。据研究，*gel2*、*gel4* 是细胞壁蛋白 *gel* 家族的成员，陈灯[121]对稻瘟菌（*Magnaporthe oryzae*）的亚细胞定位，发现其在细胞壁上表达，认为其参与了稻瘟菌细胞壁完整性的生物途径，并且 *gel4* 在稻瘟菌分生孢子内的表达量明显高于菌丝内；*ags1* 则被 Maubon 等[122]发现其能够负责调控烟

曲霉分生孢子细胞壁的生物合成。本研究中，*gel2*、*gel4*、*ags1* 这 3 条基因在金花菌无性组中显著上调，符合其在分生孢子产生过程中所起的作用。此外，在金花菌有性组菌体中显著表达的 *gas2* 属于 GPI 型蛋白，具有 β-1,3-葡聚糖转移酶活性，并被发现特异地存在于酿酒酵母（*Saccharomyces cerevisiae*）子囊孢子中，且只有在孢子形成的阶段才会表达 [123]。*KNH1* 是 *KRE9* 的同源基因，它可协助 β-1,6-葡聚糖固定在细胞壁中以辅助孢子壁的形成 [124]。这些与葡聚糖生物途径相关的基因在金花菌有性组 / 无性组菌体中的差异表达，说明 2 种孢子壁的葡聚糖类物质构成及含量有着较大区别。

黑色素层处于分生孢子外层和 rodlet 层之间，其成分以二羟基萘（DHN）为主 [119]。Bayry 等 [125] 的研究显示黑色素层影响烟曲霉（*A. fumigatus*）分生孢子壁的结构和硬度；Weyda 等 [126] 所构建的 *ayg1* 基因缺失型炭黑曲霉（*A. carbonarius*）分生孢子颜色和产量发生了显著变化。本研究所筛选与黑色素层生物途径相关的 4 条基因 *Fet3*、*Arp1*、*ayg1*、*ags1* 均在无性组中显著上调，说明黑色素层与金花菌分生孢子的形成密切相关。

此外，本研究还检索到 *GH65* 与 *rodA* 这 2 条调控孢子壁生物组装的基因，其中 *GH65* 在分子功能本体中被注释到“spore wall”（GO 条目: 0031160），并在有性型菌体中高表达；*rodA* 被注释到“asexual spore wall assembly”（GO 条目: 0042243）并在无性型菌体中高表达，其中 *rodA* 在 Ge 等 [127] 的研究中被发现对金花菌分生孢子头的产生具有重要意义。

表 4-20　调控孢子壁合成相关的基因

基因 ID	基因名称	基因描述	表达规律	有性组 FPKM	无性组 FPKM	log_2FC
gene-SI65_06398	—	几丁质脱乙酰酶	下调	545.634 460 0	0.180 947	-11.648 079 350
gene-SI65_01663	*ARB*	几丁质识别蛋白	下调	158.519 043	0.072 207	-11.187 055 70
gene-SI65_04376	*ARB*	几丁质识别蛋白	下调	1 569.170 044	2.711 485	-9.280 450 677
gene-SI65_07743	*chsD*	几丁质合成酶	下调	280.886 044	2.077 917	-7.186 765 432
gene-SI65_08771	*yea4*	真菌型细胞壁甲壳素生物合成过程	下调	51.336 280	11.366 274	-1.764 233 478
gene-SI65_07809	*chs7*	几丁质合成酶伴随蛋白	下调	34.382 786	13.945 320	-1.405 517 041
gene-SI65_07457	*chsC*	几丁质合成酶	上调	1.247 962	3.773 399	1.523 052 792
gene-SI65_05527	*crf2*	几丁质结合	上调	73.955 101	302.925 476	1.929 713 80
gene-SI65_04131	*chr3*	几丁质合成酶调节因子 3	上调	0.037 075	0.512 194	3.574 453 389
gene-SI65_09649	*gas2*	β -1,3- 葡聚糖酶	下调	404.460 968	17.339 176	-4.647 693 602
gene-SI65_01964	*prnB*	α -1,4- 葡聚糖分支酶活性	下调	130.790 421	22.469 830	-2.645 531 776
gene-SI65_01918	*prnB*	α -1,4- 葡聚糖分支酶活性	下调	131.351 181	22.606 356	-2.642 965 506
gene-SI65_00449	*gel4*	β -1,3- 葡聚糖酶	上调	168.889 450	483.780 945	1.413 832 991
gene-SI65_03558	*KNH1*	β -1.6-D- 葡聚糖生物合成过程	上调	1.342 263	4.356 602	1.651 457 040
gene-SI65_05119	*gel2*	β -1,3- 葡聚糖酶	上调	22.396 106	90.110 840	1.903 818 309

续 表

基因 ID	基因名称	基因描述	表达规律	有性组 FPKM	无性组 FPKM	log_2FC
gene–SI65_08088	*ags1*	细胞壁 α-1,3- 葡聚糖合成酶	上调	14.394 571	60.141 296	1.975 070 665
gene–SI65_00006	*Fet3*	黑色素生物合成过程（GO:0042438）	上调	0.657 368	2.936 628	2.028 372 859
gene–SI65_05587	*Arp1*	黑色素生物合成过程（GO:0042438）	上调	2.569 448	242.751 526	6.448 935 534
gene–SI65_05589	*ayg1*	黑色素生物合成过程（GO:0042438）	上调	2.367 242	179.420 109	6.499 163 071
gene–SI65_08088	*ags1*	黑色素生物合成过程（GO:0006582）	上调	14.394 571	60.141 296	1.975 070 665
gene–SI65_07470	*GH65*	糖基水解酶家族	下调	168.779 906	16.662 401	–3.444 7443 19
gene–SI65_07477	*rodA*	棒状蛋白 OS	上调	97.625 093	310.510 018	1.567 923 702

（二）性别分化相关基因的表达特征

筛选调控金花菌性别分化的相关基因，在去除一些功能冗余的基因后，得到的结果如表4–21所示，其中一部分基因在已有研究中被证实与生物生殖方式的调节有紧密关联，包括*MAT 1-2*、*omt2*、*Dmc1*、*Ndt80*、*SteA*、*laeA*、*wetA*。这些基因的具体功能为：*MAT 1-2*属于交配型基因*MAT*中的一员，是参与真菌有性结构形成的关键基因之一，已被葛永怡等[128]证实与金花菌闭囊壳产生的时期、数量有重大关联；*omt2*被发现在粟酒裂殖酵母（*Schizosaccharomyces pombe*）减数分裂过程中显著表达[129]，其编码与哺乳动物双功能蛋白PCBD具有同源性的11–kDa蛋白，并与粟酒裂殖酵母孢子壁的发育、成熟有关；*Dmc1*在真核生物中具有一定的特异性与保守性，其主要在减数分裂过程中行使功能[130]；*Ndt80*已被证实是酿酒酵母（*Saccharomyces cerevisiae*）繁殖所需的转录激活因子[131]，与其减数分裂过程具有重大联系；*SteA*可作为转录调节因子推进真菌的有性生殖[132]；*laeA*在草酸青霉（*P. oxalicum*）[133]、互隔交链孢霉（*Alternaria alternata*）[134]等真菌的无性生殖过程中起重要的调控作用，其可调节分生孢子的产生并促进次级代谢产物的分泌；*wetA*可作为调控基元相互作用的DNA结合蛋白，通过负反馈回路调节构巢曲霉（*A. nidulans*）、黄曲霉（*A. flavus*）和烟曲霉（*A. fumigatus*）3个曲霉属物种无性孢子的形成[135]。

分析上述基因在金花菌两种生殖类型菌体组中的变化趋势，可知大部分基因功能及其表达趋势与性别分化的情况基本一致，如*MAT1-2*在金花菌有性组比无性组中表达量提高了6.09倍，与葛永怡等[128]的研究中*MAT1-2*在有性阶段上调5.87倍这一数值较为接近；调控曲霉无性产孢的*wetA*则在金花菌无性组中显著上调。此外，还有少部分基因所注释的功能与其在两种生殖类型菌体中的表达情况不一致，有可能是性别调控网络的复杂性或同一基因在多个靶途径行使功能所致。

对金花菌性别分化相关基因的表达特征分析结果表明，与其两种生殖方式调控相关的基因表达趋势基本符合以往的研究结论，与其他真菌性别分化具有类似的调控模式。此外，还有一些基因功能未在已报道的研究中得到证实，但根据其在不同数据库的注释及表达情况，推测有可能对金花菌生殖方式造成直接或间接的影响，如在无性组中显著上调，并对无性孢子形成（GO

条目：0042243）及无性孢子壁组装（GO 条目：0043945）起着正调控作用的 *Swi5*，以及 *PpoA*、*FadB*、*FAH12*、*abaA*、*OLE1* 等，这些差异表达基因为金花菌产孢机制及产孢工艺的进一步研究提供了资源。

表 4-21　调控性别分化相关的基因

基因 ID	基因名称	基因描述	表达规律	有性 FPKM	无性 FPKM	log_2FC
gene-SI65_00526	*HOP1*	减数分裂特异蛋白	下调	47.662 918	1.561 195	-5.035 476 994
gene-SI65_01760	*Dmc1*	减数分裂重组蛋白	下调	25.203 451	0.842 392	-5.004 692 459
gene-SI65_04911	*Gpa2*	G 蛋白偶联葡萄糖	下调	57.104 603	5.790 583	-3.404 427 082
gene-SI65_06277	*MAT1-2*	高迁移率族蛋白	下调	11.036 741	1.812 143	-2.682 067 585
gene-SI65_02942	*isp4*	性别分化过程蛋白	下调	98.421 638	16.427 781	-2.678 997 161
gene-SI65_00826	*PpoA*	多功能强度指数生产加氧酶 A	下调	360.647 644	82.201 759	-2.237 754 856
Aspergillus_cristatus_newGene_524	*Gpa2*	G 蛋白偶联葡萄糖受体调控	下调	16.897 788	4.476 424	-2.039 913 921
gene-SI65_06524	*Ndt80*	减数分裂特异性转录因子	下调	32.804 392	14.754 810	-1.319 955 459
gene-SI65_06524	*Nd80*	减数分裂特异性转录因子	下调	32.804 392	14.754 810	-1.319 955 459
gene-SI65_03878	*Alp2*	自噬丝氨酸蛋白酶	下调	525.689 160	96.419 940	-1.096 624 947
gene-SI65_03116	*SteA*	转录因子	上调	29.526 890	64.714 753	1.061 534 226
gene-SI65_08100	*laeA*	次生代谢调节子	上调	3.324 821	7.335 657	1.061 934 153
gene-SI65_10039	*OLE1*	酰基辅酶 A 脱氢酶	上调	151.279 846	404.837 402	1.315 651 171
gene-SI65_01601	*FadB*	氧化还原酶 FAD 结合域	上调	36.943 691	98.901 627	1.316 068 535
gene-SI65_04696	*FadB*	氧化还原酶 FAD 结合域	上调	31.742 077	85.369 522	1.322 626 145

续 表

基因 ID	基因名称	基因描述	表达规律	有性 FPKM	无性 FPKM	log_2FC
gene–SI65_10353	*FadB*	氧化还原酶 FAD 结合域	上调	36.300 213	99.260 529	1.346 779 574
gene–SI65_05711	*Sec14*	细胞溶质因子	上调	89.345 451	263.316 223	1.454 812 452
gene–SI65_07767	*FAH12*	油酸羟化酶	上调	63.966 877	203.710 236	1.566 641 324
gene–SI65_08504	*Gpa2*	G 蛋白偶联葡萄糖受体调控	上调	2.460 126	7.906 179	1.577 958 688
gene–SI65_02187	*isp4*	性别分化过程蛋白	上调	40.388 290	135.783 325	1.644 854 744
gene–SI65_01623	*DMC1*	减数分裂重组蛋白	上调	6.077 285	27.549 910	2.075 961 819
gene–SI65_01598	*abaA*	调节蛋白	上调	11.249 500	58.890 106	2.251 613 037
gene–SI65_05889	*Swi5*	C2H2 型转录因子	上调	9.638 264	52.496 376	2.340 523 337
gene–SI65_00709	*velC*	性别发育调节子	上调	0.620 551	4.469 649	2.727 347 143
gene–SI65_00383	*wetA*	发育调控蛋白	上调	2.952 632	25.178 076	2.986 141 373
gene–SI65_08519	*omt2*	Pterin-4 α – 甲醇胺脱水酶	上调	0.175 273	136.289 963	9.458 042 237

（三）钙离子代谢调控相关基因的表达特征

此外，根据相关研究可知，丝状真菌的钙信号调控途径参与了真菌细胞循环、孢子形成与萌发，菌丝分枝以及附着胞的形成等[136–138]，在一定程度上能影响真菌的有性生殖及子实体发育。例如，对禾谷镰刀菌（*Fusarium gramminearum*）钙运蛋白 *FIG1*（a transmembrane protein of the low–affinity calcium uptake system）的敲除会影响其子囊壳的形成[138]。据分析结果，在金花菌有性组和无性组中共检测到 19 条与钙离子调控相关的差异表达基因，如表 4–22 所示，表达量差异较为显著的有 *pmc1*、*NDE2*、*BST1*、*VCX1*、*SPAC2* 和 *AXL2*，钙调素基因 *CAM*、钙氢交换子基因 *VCX* 等已在研究中被证实与金花菌的性别分化及盐压力响应过程密切相关[139–140]，其余钙信号调控途径基因在下游靶蛋白之间的表达方式，以及在金花菌钙信号对压力应答和性别分化过程的具体作用机理还有待进一步探讨。

表 4-22　调控钙离子代谢途径相关的基因

基因 ID	基因名称	基因描述	表达规律	有性 FPKM	无性 FPKM	log_2FC
gene-SI65_09590	*pmc1*	钙离子转运 ATP 酶	下调	188.888 262	2.055 138	-6.527 266 426
gene-SI65_08649	*NDE2*	外源 NADH 泛醌氧化还原酶 2	下调	0.431 925 0	0.001 03	-6.493 251 470
gene-SI65_00794	*BST1*	鞘氨醇 -1- 磷酸醛缩酶	下调	406.406 389	22.229 923	-4.283 509 264
gene-SI65_09864	*PEF1*	信号传导机制	下调	1.014 807	0.140 036	-2.928 087 723
gene-SI65_05829	*pmc1*	钙离子转运 ATP 酶	下调	12.667 402	2.696 132	-2.435 695 109
gene-SI65_04673	*VCX1*	液泡钙离子转运蛋白	下调	517.717 712	108.234 016	-2.362 415 218
gene-SI65_04222	*anxC3*	膜联蛋白	下调	24.780 302	5.018 519	-2.078 591 727
gene-SI65_03562	*VCX1*	液泡钙离子转运蛋白	下调	87.038 446	22.728 615	-1.810 181 740
gene-SI65_03887	*bxi1*	促凋亡抑制剂 Bax1	下调	281.785 453	85.350 471	-1.802 322 456
gene-SI65_07666	*plc1*	1- 磷脂酰肌醇 -4,5- 二磷酸磷酸二酯酶	下调	93.810 471	32.044 113	-1.654 102 758
gene-SI65_00336	*AFUA*	细胞内转运，分泌和囊泡运输	下调	425.001 491	183.940 789	-1.305 659 502
gene-SI65_07141	*palB*	钙依蛋白酶	下调	12.096 988	5.251 967	-1.269 536 835

续　表

基因 ID	基因名称	基因描述	表达规律	有性 FPKM	无性 FPKM	log_2FC
gene–SI65_08705	*PMR1*	钙转运 ATP 酶 1	下调	63.119 026	31.072 594	–1.125 800 433
gene–SI65_04595	*Ist2*	质膜应激反应蛋白	下调	55.978 0660	14.759 35	–1.016 578 015
gene–SI65_00862	*CDC31*	细胞分裂控制蛋白 31	上调	12.407 101	31.006 216	1.217 186 176
gene–SI65_06153	*mnl1*	内质网降解增强 α – 甘露糖苷酶样蛋白 1	上调	5.058 145	13.257 913	1.286 276 344
gene–SI65_00748	*mns1B*	*N*– 聚糖生物合成	上调	9.869 701	26.135 889	1.300 201 983
gene–SI65_08133	*SPAC2*	机械敏感性离子通道	上调	0.705 196	6.890 913	3.178 211 872
gene–SI65_02585	*AXL2*	轴向出芽模式蛋白 2	上调	0.050 225	31.947 994	9.181 297 860

第三节　小结与讨论

转录组是细胞内所有表达的 mRNA 集合，对研究生物体的生命活动如生长、发育、繁殖等具有重要作用。通过转录组测序，可以获得大量表达基因序列，为基因表达模式、功能基因发掘和分子标记开发提供丰富的数据，有着广泛的应用。本研究对金花菌两种生殖方式的菌体进行转录本测序，通过 de novo 拼接组装、注释后获得基因组信息，进而探索与两种生殖方式相关的基因、代谢通路及相关机制。结果发现，金花菌两种菌体样本共有 3 810 个差异表达基因，主要富集在次生代谢物、生物膜、氨基酸的生物合成等相关代谢通路中，负责调节氧化还原反应、催化活性、金属离子的结合以及跨膜转运等。此外，从两种生殖类型菌体转录组中共鉴定出 SNP 标记 4 948 个、InDel 标记 749 个，这些基因和分子标记为金花菌种质资源发掘与高效产孢株系的选育奠定了基础。

真菌有性生殖的维持和进化一直是进化生物学研究的热点，一般认为有性生殖的重组过程能将不同世代产生的有利突变集中在个体上，并以此缩短这些突变所需的时间，从而加速自然选择进程[141-142]。金花菌的有性型 / 无性型生殖方式主要受到外界渗透压、温度的影响而表达[143-144]，这种环境诱导生殖模式被发现也在其他真菌如构巢曲霉[145]、禾谷镰刀菌[138]中广泛存在，这类生殖方式的调控改变了真菌的基因组进化速率及环境适应能力。对差异表达基因功能的分析发现，调控孢子壁生物合成、性别分化、钙离子代谢途径等相关的基因在两种生殖类型菌体中表达量差异较大，其中部分基因如 *MAT1-2*、*wetA* 等在真菌性别分化中的作用已被研究所证实，并在金花菌的两种生殖类型菌体组中被发现有相似的表达趋势。金花菌两种生殖方式的生理特征差异显著，与氨基酸合成、次生代谢产物等相关的基因表达量也有较大差异，这表明两种生殖系统的基因调控网络较为复杂。此外，本研究所筛选的 *PpoA*、*FadB*、*pmc1*、*NDE2*、*BST1* 等在两种生殖类型组中分别活跃表达，推测其中存在调控金花菌生殖的重要候选基因，分离和克隆这些差异表达基因有助于明确其具体的生物学功能，为金花菌性别分化及高效产孢发酵工艺的研究鉴定基础。

第十六章　金花菌 EST-SSR 标记开发及遗传多样性分析

高通量测序技术的快速发展，为微生物 EST-SSR 标记的开发提供了便利，李新凤[146]通过开发 EST-SSR 引物，实现了对镰刀菌（*Fusarium*）种内各株系间遗传分化与亲缘关系的鉴定；丁换云等[147]利用所开发的 13 对 EST-SSR 引物，鉴定了新疆不同地区来源的 38 株交链格孢菌（*A. tenuissima*）的遗传多样性，大量研究证实了 EST-SSR 在种内单位遗传多样性的鉴定中具备可行性。目前，与金花菌遗传多样性相关的研究较少，其种内单位分子信息较为匮乏，而基于 ITS、18S rDNA 等保守序列所开发的引物难以实现金花菌种内不同株系的鉴别，多态性的 EST-SSR 标记有望为金花菌遗传多样性的鉴定提供数据支持。研究拟筛选金花菌转录组序列中多态性较高的 SSR 序列，开发 EST-SSR 引物，并运用该分子标记对不同金花菌株系进行分析，以进一步探明不同来源金花菌的遗传多样性。

第一节　材料与方法

一、仪器与试剂

（一）主要仪器设备

试验所用仪器设备如表 4-23 所示。

表 4-23　试验所用仪器设备

名称、型号	生产厂家
A300 PCR 仪	杭州朗基科学仪器有限公司
JY300HC 通用型电泳仪	北京君意东方电泳设备有限公司
JY04S-3C 凝胶成像仪	北京君意东方电泳设备有限公司
L550 离心机	湖南湘仪离心机仪器有限公司
PICO17 离心机	美国赛默飞世尔科技公司

（二）主要试剂、耗材

DNA 提取试剂盒（TSP201，武汉擎科）,1.1x Super PCR Mix（TSE030T3，武汉擎科），凝胶回收试剂盒（GE0101，武汉擎科），其余试剂均为国药分析纯。

二、转录组 SSR 位点筛选

采用第十五章所测定的金花菌两种生殖方式菌体转录组序列，基于在线软件 MISA[148]（https://webblast.ipk-gatersleben.de/misa/）查找 SSR 位点，条件设置：单核苷酸重复 >10，二核苷酸重复 >5，三核苷酸重复 >4，四、五、六核苷酸重复 >3。

三、金花菌 EST-SSR 引物设计

采用 Primer Premier 5.0 对长度≥ 12 bp 的 SSR 所在基因序列设计引物，引物设计的主要条件如下：① SSR 位点侧翼序列长度≥ 50 bp；②退火温度（T_m 值）为 58 ～ 65℃并且正、反引物 T_m 值相差不多于 2℃；③ PCR 预期产物长度为 80 ～ 250 bp；④引物长度在 18 ～ 28 bp 之间；⑤ GC 含量在 40% ～ 60%。除上述条件设置外，还尽量避免 Hairpin、Dimer、False priming、Cross dimer 的出现，所设计的 SSRs 引物在 Unigene 库中进行 Blast 验证，从验证成功的引物中随机挑选 30 对，SSR 引物信息如表 4-24 所示，在武汉擎科生物科技有限公司进行引物合成。

表 4-24　30 对金花菌 SSR 引物信息

引物名称	重复单元	正引物序列（5'→3'）	反引物序列（5'→3'）
SSR 1	C（1×15）	CTATGATTCTCCGGAAGGTGGG	GATTCCCTCGCCGCAGTGT
SSR 2	G（1×23）	TGATTGTCTCCCGTTTATTCCTG	GTGGCTCTTCAACTGTTCTGCTC
SSR 3	A（1×29）	GCAACTGTCGCCTGAGAATGT	AAGAGGTAGCAGTTGTCCCCAC
SSR 4	AGC（3×6）	ACATCCGCCGAAACAACAGA	GCACCGACAGCGATAAAGACA
SSR 5	ACC（3×4）	TCTCCCGAGCGGAATTGAA	CGAAGCGGATGGATTGTTTG
SSR 6	AAAG（4×3）	GGCGAGGCGAGATGTAGAAC	CTGGGCAACAGCATCAATCA
SSR 7	AAG（3×6）	AGCTCAAGTCATCTCGTTCTAGGTT	TTCGCAGAACCAGAGTCCTTG
SSR 8	AAG（3×6）	TCTTCAGATCCTACTTTCCAACCAC	GGTGCTGTTGGTTTAATTCTCTGA
SSR 9	TCG(3×6)	GTGAACATGGGGATATGCGTG	AAGAGGGTGTAGGAGATTTTGGG
SSR 10	CTG(3×7)	GGAAATCGTCAATCATCTCAGCC	TAGAAGGTGGTGTTGCGGGG

续 表

引物名称	重复单元	正引物序列（5'→3'）	反引物序列（5'→3'）
SSR 11	AAG（3×7）	CAGACGAGGAAGAGGAAGCGG	GGTTTGGCTGATGTCGTGTGTC
SSR 12	AAG（3×9）	GTCTGCGACTCGGATAGCCA	GTTGTGGGTGTCGCGAATAGAT
SSR 13	AAG（3×7）	GGAAACACCCGTCAAGAGCA	CTTGAAGACGACTCCCAGCATT
SSR 14	AGC（3×11）	ATGGAGCACAATGCCCGG	ACATTGCGGGGTAAACGAGTAA
SSR 15	AGC（3×7）	CACGCCTCGTCCTACTCCG	GGTTGCACCCGCACCAAT
SSR 16	AGC（3×9）	TCTATCTGCGTGGCTGAGGAG	TCAATGACCGATTCACGCTTAG
SSR 17	AGC（3×9）	GAAGATGGCGAAGAGGGTGA	GAGGTTGAGTGGTCTCGGGAG
SSR 18	CCG（3×5）	ACGGATTATCTGCTGTCGTCTTC	ACGTGCTCTTGACGGTAGGAAT
SSR 19	AGAGCC（6×3）	TTGTCACGACCAAGAAGGATAAGA	TCAACAGCCCAAGACCCCA
SSR 20	AGAGCC（6×3）	CAACAAATGGCACCGCTCC	TTGCGCTTCTGCTGTTTGG
SSR 21	ACCAGC（6×3）	AAGCAAGAGCAAGATGAGGAGGA	GGCGGGGTGTGTTTTCTGTAC
SSR 22	AAAAG（5×3）	GATTGCCGGAGAAGGGATG	GTTAGGTAGAATTGC ATTAGAGACTGAT
SSR 23	C（1×13）	GCACGAAGAAGGAAAAGGACAGT	CGATGATAGGATGATACTCAGACCG
SSR 24	A（1×16）	TCCGATGGGAGACGAAAACG	GAGAACCAACCAGGAGGCAAA
SSR 25	A（1×23）	ATTTTTCACGAGGCTCAACTTCA	TATTCTAGATGGCCGTTCCGTT
SSR 26	AAG（3×7）	TGAACGAGTGGCTGGAAGATG	GCTGCTGACCCTCCCTATTGT

续　表

引物名称	重复单元	正引物序列（5'→3'）	反引物序列（5'→3'）
SSR 27	ACCAGC（6×4）	GAGGAAGAGGAGGTAGAGAACGAC	TGTGTCATGCGGACCGAAA
SSR 28	ATC（3×7）	CCCTAGGCGGAACTATCCATTT	GAAGAGGTTTAGCGTGACGAGTG
SSR 29	AGAGCC（6×4）	TGGTGAGAAAGATACGAACACAGAA	CAGGAGAAGGGACAGCAGGG
SSR 30	AACAGC（6×3）	CGAGGGGCAACAGGTATTCC	TCGGTAGCGTTATCGGTGGT

四、不同菌株 DNA 的提取

选取金花菌 JH1805、A11、A12、A13、A27、A30、B8、C1、C5、C6、D1、E1、E13、E8、F3 作为提取 DNA 的供试菌，另以近缘种谢瓦曲霉 XW1803 作为对照，将上述 16 株供试菌接至 PDL 液体培养基内 28℃培养 6 d，离心获取菌体作为提取 DNA 的材料，DNA 具体提取方法如下：

（1）将 DNA 吸附柱（spin column）置于收集管（collection tube）中，加入 250 μL Buffer BL，12 000 ×g 离心 1 min 以活化硅胶膜；

（2）将不同供试菌菌体加入液氮充分研磨，取研磨菌体置于 1.5 mL 离心管中，加入 400 μL Buffer gP1，涡旋振荡 1 min，65℃水浴 20 min，其间将离心管颠倒混匀数次以充分裂解；

（3）加入 150 μL Buffer gP2，涡旋振荡 1 min，冰浴 5 min；

（4）12 000 ×g 离心 5 min，将上清液转移至新的离心管中；

（5）加入上清液等体积的无水乙醇，迅速振荡混匀，将液体转入吸附柱中，12 000 ×g 离心 30 s，弃废液；

（6）向吸附柱中加入 500 μL Buffer PW，12 000 ×g 离心 30 s，弃废液；

（7）向吸附柱中加入 500 μL Wash Buffer，12 000 ×g 离心 30 s，弃废液，重复该操作 1 次；

（8）将吸附柱放回收集管中，12 000 ×g 离心 2 min，开盖晾 1 min；

（9）取出吸附柱，置入新的离心管中，在吸附膜的中央加入 50 ～ 100 μL TE Buffer，20 ～ 25℃放置 2 min，12 000 ×g 离心 2 min 以获取不同菌株的 DNA，用 1% 琼脂糖凝胶电泳检测所提取的 DNA。

五、目的基因扩增及检测

使用实验所设计的 30 对 EST-SSR 引物，对提取的不同供试菌 DNA 进行扩增。PCR 体系包括：T3 Super PCR Mix 34 μL，上游 / 下游引物各 2 μL，DNA 2 μL，扩增参数设置如表 4-25 所示。PCR 产物经 10% 聚丙烯酰胺凝胶 100 V 电泳 120 min，EB 染色后在凝胶成像系统中观察结果并拍照记录。

表 4-25　金花菌 EST-SSR 序列 PCR 扩增参数设置

阶段	温度	时间	循环数
预变性	98℃	3 min	1
循环阶段	98℃	10 s	35
	59℃	10 s	
	72℃	20 s	
终延伸	72℃	2 min	1

六、不同菌株遗传多样性分析

在泳道上的相同迁移位置对条带进行统计，有条带记为“1”，无条带记为“0”，建立原始数据矩阵 [149]，使用 NTSYS 软件 [150] 的 similarity 模块分析相似性系数，并根据相似性系数进行 UPGMA 聚类分析，构建系统树。利用 NTSYS 的 Clustering 模块、Graphics 模块对 UPGMA 聚类结果的共轭值以及矩阵相关系数等进行计算，以进一步评估聚类结果。

七、表型性状和 EST-SSR 标记相关性分析

采用 NTSYS-pc 2.1 软件将 15 份金花菌 PDA 平板表型性状数据标准化，得到欧氏距离矩阵和 EST-SSR 分子标记的遗传距离矩阵，将 2 个矩阵进行 Mantel 相关性检测 [151]。

第二节　结果与分析

一、金花菌转录组 SSR 位点统计

依据所设置的检索条件，在长度为 14 972.05 kb 的 10 542 条转录组 Unigene 序列中，共检索到 2 183 个 SSR 位点，如表 4–26 所示，平均每 6.86 kb 长度的序列分布有 1 个 SSR 位点，Unigene 序列的 SSR 发生频率为 20.71%，其中含有 1 个以上 SSR 位点 Unigene 共 358 条。

表 4–26　金花菌转录组 SSR 位点信息统计

类型	统计值
Unigene 序列总数	10 542
Unigene 序列总长度 / kb	14 972.05
SSR 位点总数	2 183
包含有 SSR 的序列数	1 680
含 1 个以上 SSR 位点的序列数	358
SSR 发生频率	20.71%
复合型 SSR 数量	169

二、金花菌转录组 SSR 重复基元的分布特征

从金花菌两种生殖方式菌体转录组序列中检索到的 2 183 个 SSR 位点类型及分布情况如表 4–27、图 4–29 所示，其中单核苷酸重复共 108 个（4.95%），包含 A/T、G/C 两种重复基元类型，2 种重复基元类型所占比例分别为 86% 和 14%；二核苷酸重复共 192 个（8.80%），其中 AG/TC 重复基元所占比例最高

（49%），其次是 CG/GC 重复基元（21%）和 AT/TA 重复基元（20%）；三核苷酸重复基元的数量最多，共计 1 245 个（57.03%），其中 AGC/TCG、AAG/TTC、ACC/TGG、AGG/TCC、AAC/TTG、ATC/TAG、CCG/GGC、ACG/TGC 这 8 种重复基元类型所占比例较高；四核苷酸重复共 198 个（9.07%），其中 AGGG/TCCC、ATCC/TAGG、AAAG/TTTC、AGCC/TCGG、AGCG/TCGC、AACT/TTGA、AAGC/TTCG 和 ACGC/TGCG 这 8 种重复基元类型所占比例较高；五核苷酸重复数量较少，仅 49 个（2.24%），其中 AAAAG/TTTTC 重复基元类型所占比例最高；六核苷酸重复共 391 个（17.91%），其中 ACCAGC/TGGTCG、AACAGC/TTGTCG、AGAGCC/TCTCGG、AAGAGG/TTCTCC 这 4 种重复基元类型所占比例较高。总体而言，在不同重复基元类型中，AGC/TCG、AAG/TTC、ACC/TGG、AGG/TCC 这 4 种重复基元类型各占 10.49%、9.12%、7.10%、6.87%，明显多于其他重复基元类型。

表 4-27　金花菌转录组 SSR 位点重复类型统计

SSR 类型	数量	占总数比例	平均发生距离 / kb
单核苷酸重复	108	4.95%	138.630 092 0
二核苷酸重复	192	8.80%	77.979 427 8
三核苷酸重复	1 245	57.03%	12.025 742 7
四核苷酸重复	198	9.07%	75.616 414 4
五核苷酸重复	49	2.24%	305.552 040 0
六核苷酸重复	391	17.91%	38.291 687 8
总计	2 183	100%	6.858 474 7

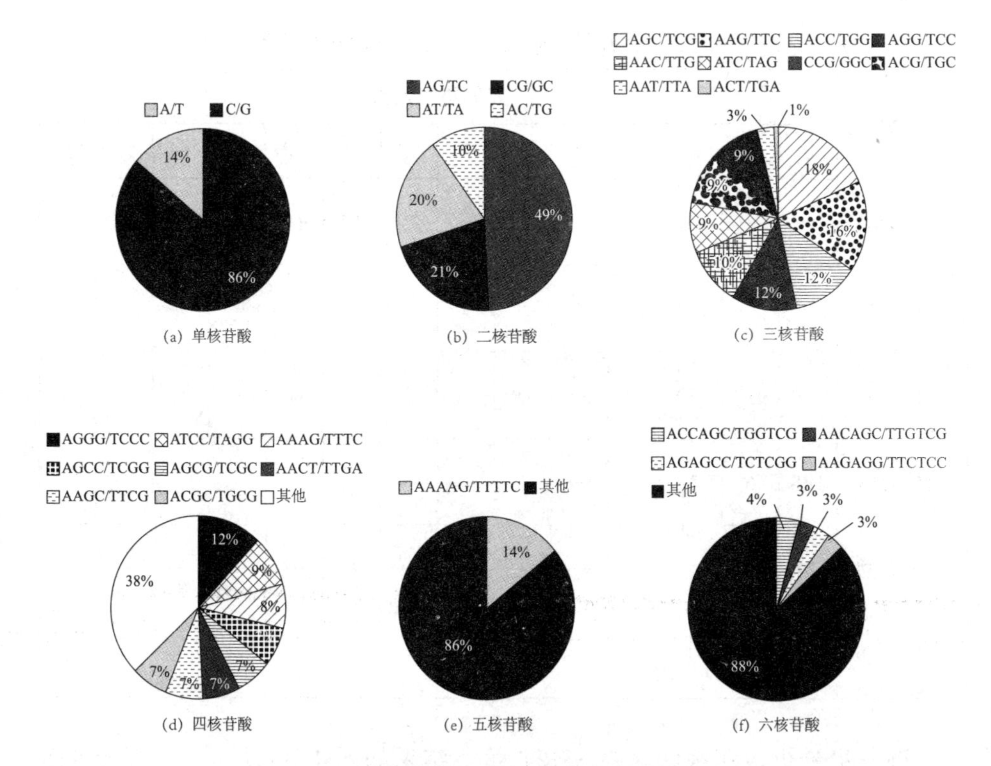

图 4-29　金花菌转录组 SSR 位点重复基元分布

三、金花菌转录组 SSR 重复次数、长度及可用性评价

分析金花菌转录组 SSR 位点重复次数，可知变化范围较多集中在 3 ～ 7 次之间，如表4-28所示，其中以4次重复的SSR序列数量为最多，共981个，占 SSR 总数的 44.94%；其次是 3 次重复、5 次重复，分别为 555 个（25.42%）和 344 个（15.76%），其他重复次数的 SSR 数量相对较少。总体而言，随着重复次数的增加，SSR 序列的数量呈下降趋势。

表 4-28　金花菌转录组 SSR 位点重复次数分布

类别	不同重复次数													
	3	4	5	6	7	8	9	10	11	12	13	14	15	15+
单核苷酸	—	—	—	—	—	—	—	25	13	10	4	2	10	44
二核苷酸	—	—	159	18	4	5	3	—	—	—	—	—	—	3
三核苷酸	—	917	172	68	36	18	13	7	2	4	—	5	—	3
四核苷酸	188	6	3	—	—	1	—	—	—	—	—	—	—	—
五核苷酸	44	4	1	—	—	—	—	—	—	—	—	—	—	—
六核苷酸	323	54	9	1	—		1	1	—	—	—	—	—	2

进一步分析金花菌转录组 SSR 长度，结果如图 4-30 所示，大部分 SSR 序列的基序长度集中在 12 ～ 13 bp 之间，共计 1 137 个，占总数的 52.08%；其次是长度 18 ～ 19 bp 之间的 SSR 序列，共计 404 个，占总数的 18.51%；长度 > 25 bp 的 SSR 序列较少，仅有 59 个，占总数的 2.70%。

SSR 分子标记多态性高低是评估其可用性的一个重要依据，根据 Temnykh 等 [152] 的研究可知，SSR 序列长度是影响其多态性的重要因素，当 SSR 长度大于等于 20 bp 时具有较高多态性，在 12 ～ 19 bp 时具中等多态性，在 12 bp 以下时则多态性较低。本研究所查找的金花菌 SSR 序列中，具较高多态性的有 194 条，占 SSR 总数的 8.89%；具中等多样性的 SSR 有 1 792 条，占 SSR 总数的 82.09%。由此可见，共有 90.98% 的 SSR 具有中等及中等水平以上的多态性。此外，又由于低级基序 SSR 通常比高级基序 SSR 更容易产生多态性 [153]，本研究大于或等于 20 bp 的 SSR 中，具有单核苷酸、二核苷酸和三核苷酸这 3 种低级重复基序的 SSR 共有 117 条，占大于或等于 20 bpSSR 总数的 60.31%，说明金花菌转录组来源的 SSR 具有较高的多态性潜力，在其分子标记的开发中可用性较强。

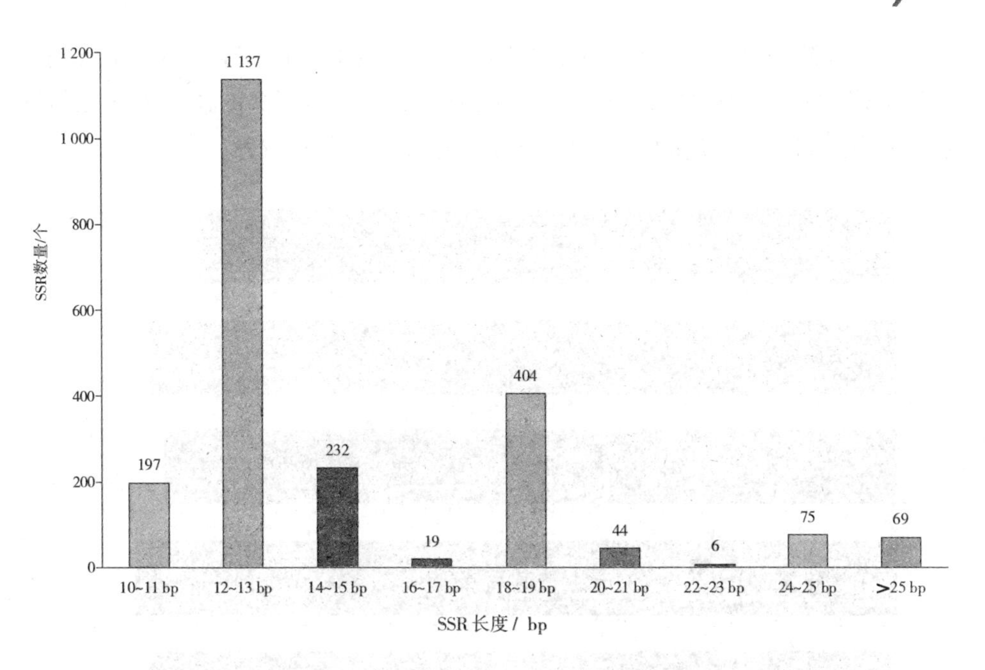

图 4-30　金花菌转录组 SSR 位点长度分布

四、EST-SSR 引物扩增结果及分析

以 15 株金花菌（JH805、A1、A5、A9、A11、A10、A26、B4、B8、C3、D1、E1、E8、E9、F3）以及谢瓦曲霉 XW1803 的 DNA 为模板，30 对 EST-SSR 引物扩增结果如图 4-31 所示，大部分引物均能够以 16 株供试菌的 DNA 为模板扩增出较为清晰的条带。基于 Matrix comparision plot 对原始数据矩阵计算得到的相关性系数值为 0.994 4，表明聚类结果较好。

采用非加权组平均法（UPGMA）进行聚类分析，基于 30 对引物电泳条带的数据矩阵所构建的系统树如图 4-32 所示，由结果可知，谢瓦曲霉作为外群单独成为一支，与距离较近的金花菌株系遗传相似系数为 0.775，远低于金花菌种内不同株系间的遗传相似系数（0.965 ～ 0.983），表明该系列引物可有效区分种内和种间单位。

15 株金花菌在遗传相似系数为 0.983 的水平上可分为 5 个类群，第一类群数量最多，包括 A11、C5、A13、A27、C6、B8、A12、JH1805、F3 和 A30，湖南来源的 6 株金花菌（包括标准株 JH1805）全部都归属于这一类型；

第二小支是陕西来源的金花菌 E1 和 E13；此外还有 C1、D1、E8 3 株分别来源于贵州、浙江、陕西的金花菌各自成为一支，可知菌株的遗传多样性与其地域分布之间具有一定的关联性，有按地理来源聚类的趋势。

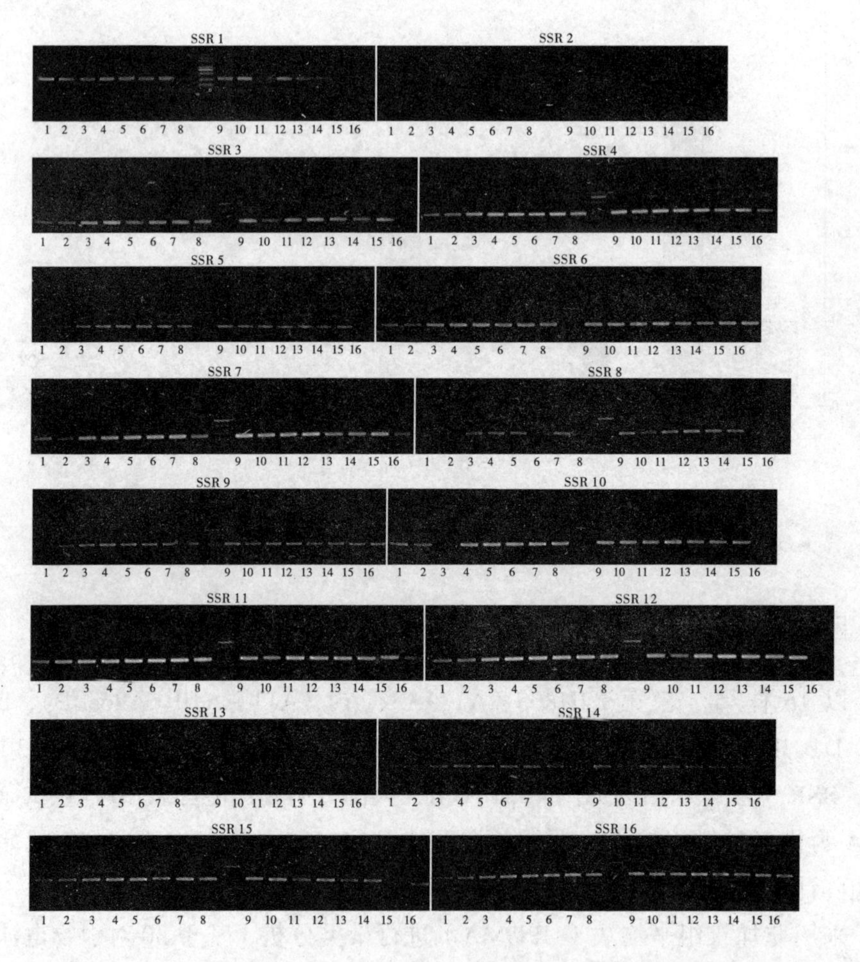

图 4-31　30 对 EST-SSR 引物以 15 株金花菌和谢瓦曲霉 DNA 为模板的扩增结果

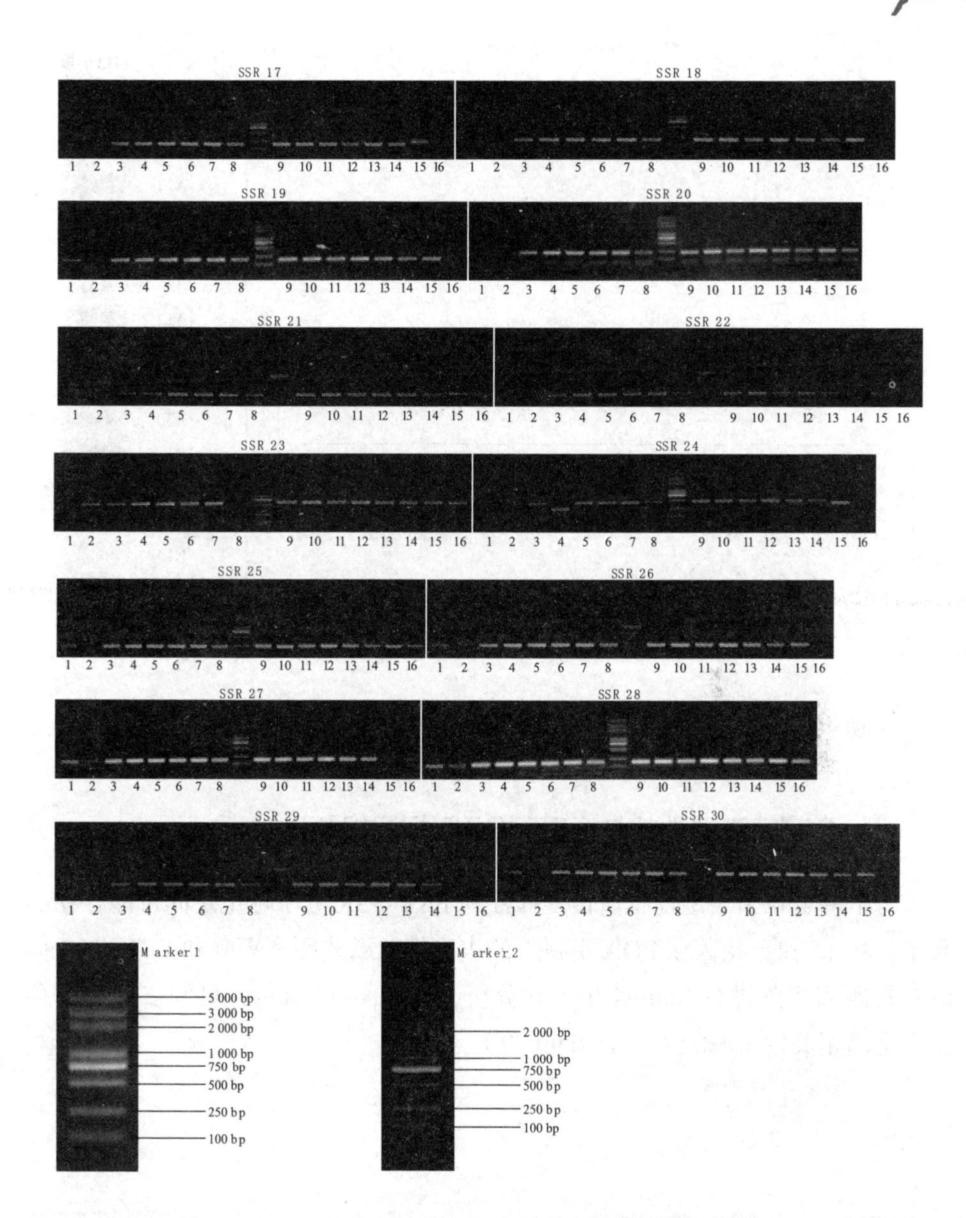

图 4-31　30 对 EST-SSR 引物以 15 株金花菌和谢瓦曲霉 DNA 为模板的扩增结果（续）

注：泳道 1 ～ 15：金花菌 A11、C1、C5、D1、A13、A27、C6、E1、A30、F3、JH1805、A12、B8、E13、E8；泳道 16：谢瓦曲霉 XW1803。

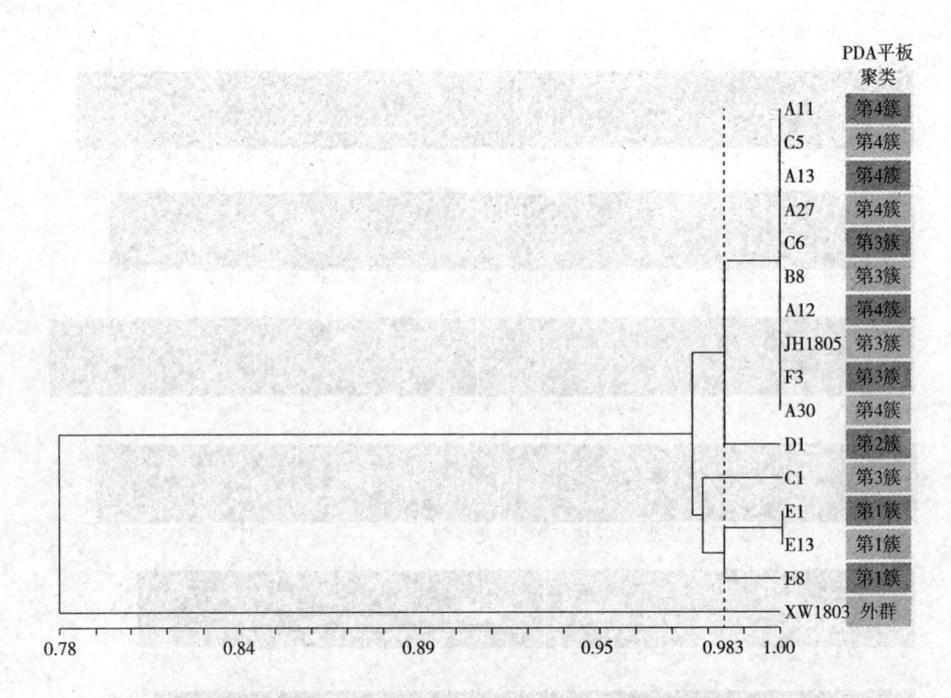

图 4-32　基于 30 对 EST-SSR 引物的 16 株供试菌遗传多样性聚类分析

五、金花菌表型性状与 EST-SSR 标记相关性分析

为了解金花菌表型性状遗传多样性和 EST-SSR 分子标记之间可能存在的联系，将 15 株金花菌在 PDA 平板上的表型性状欧式距离矩阵和 EST-SSR 标记遗传距离矩阵进行 Mantel 相关性分析，如图 4-33 所示，可知二者之间存在一定的相关性（r=0.515，P=0.995 9）。

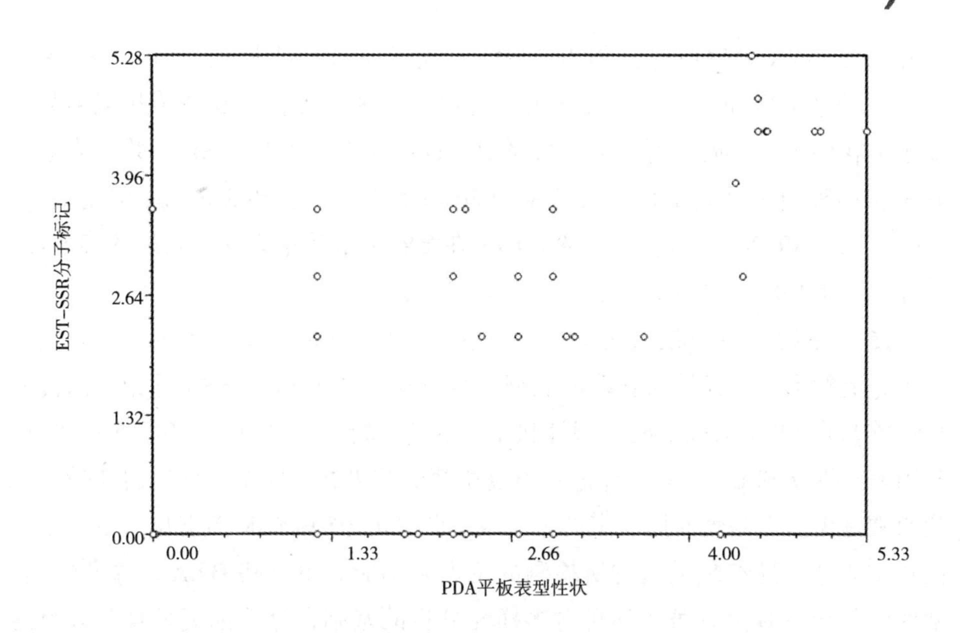

图 4-33　表型性状和 EST-SSR 分子标记的相关性

第三节　小结与讨论

作为近年来迅速崛起的一种分子条形码技术，SSR 标记具有数量丰富、多态性高、稳定性好等诸多优点。与基因组 SSR 相比[154-155]，EST-SSR 来源于更容易获取的转录组序列，其开发过程较为经济便捷，此外，又因其与调控功能表达的基因紧密联系，还具有易于与物种表型特征相关联的优点，适宜用于非模式物种种质资源分类和遗传多样性的分析。本研究对金花菌两种生殖方式菌体转录组序列的 10 542 条 Unigene 进行检索，共查找到了 2 183 个 EST-SSR 位点，其 SSR 的发生频率为 20.71%，有 1 680 条 Unigene 包含 SSR 序列，其中三核苷酸以下的低级重复基序 SSR 占总量的 60.31%，具有较高的多态性潜力和可用性。

通过对筛选的 30 条 EST-SSR 设计引物，并利用 15 株金花菌以及近缘种谢瓦曲霉 DNA 为模板进行 PCR 扩增，以分析其遗传多样性。由 UPGMA 聚类分析的结果可知，谢瓦曲霉作为外群单独聚为一支，且其遗传相似系数远低于金花菌种内不同类群间的相似系数，证明该系列 EST–SSR 引物可有效鉴别金花菌种内及种间单位。所开发的 30 对引物中，引物 SSR 2（重复基元：G × 23）、SSR 24（重复基元：A × 16）在金花菌群体中表现出较好的多态性，印证了低级基序 SSR 更容易产生多态性这一结论。

15 株不同来源金花菌在遗传相似系数为 0.983 的水平上可分为 5 簇，结合第十五章形态多样性所获取的表型性状可知，基于 EST–SSR 标记的遗传距离矩阵与在 PDA 平板上的表型性状矩阵具有一定的关联性（r=0.515）。虽然利用表型性状和 EST–SSR 标记聚类金花菌的结果并不完全一致，但物种的性状通常是由多个基因共同决定的，而被检测到的 EST–SSR 多态位点不一定在性状中表达，即有限的引物所检测的位点并不能完整反映 DNA 信息[156]。表型性状是传统真菌分类学和种群多样性分析的基础，分子标记是真菌分类的技术依据，综合应用两方面技术可以更准确、全面地描述物种遗传多样性。本研究基于表型差异和 EST–SSR 多态性，证实了金花菌存在生理分化及遗传多样性的不同种群，所用的技术思路可为金花菌亲缘关系分析、种质资源鉴定及分子辅助育种等方面提供理论依据。

第十七章　金花菌种质资源研究总结

遗传多样性是功能多样性的基础，是功能微生物开发的前提。金花菌作为黑茶发酵的关键微生物，在茶叶深加工及真菌活性成分开发领域具有巨大的应用前景，但学界目前与其种质资源相关的研究较为薄弱。金花菌遗传多样性的相关研究较少且在技术方法上存在一定局限性，能鉴定其种内单位的分子标记技术鲜见于报道当中。此外，金花菌与近缘种假灰绿曲霉、谢瓦曲霉的系统分类问题一直未能较好地解决，命名上也因而存有争议，这制约了金花菌种质资源开发应用以及黑茶产品的质量控制。针对这一现状，本研究从不同黑茶产区样品中筛选了70株金花菌，从生理特征、线粒体基因、表达序列的不同水平上对其遗传多样性及种属间关系进行探讨，主要结论如下。

一、不同来源金花菌存在生理性状差异及EST-SSR多态性

从6个省份采集的黑茶样品中分离得到70株优势微生物金花菌，在PDA、改良PSA 2种平板上生长速度、分泌色素能力、菌落表面特征、菌落边缘形状4项形态学性状存在差异，70株菌株可分为4种差异较大的类群，而且菌株类型与地理分布有一定的联系，存在南北方向的地理分布模式。但是，菌株类型分布与地理区域并不完全一致，推测这种现象与黑茶原料产地-加工地分离这一原因有关，作为菌株载体的黑毛茶原料大规模从一个区域流通至另一个区域，从而实现了不同地域金花菌的基因交流。依据形态学标记初筛的结果，选取差异较大的金花菌A1、A11、B1、D1、JH1805作为代表

菌株，进一步探究其生理性状差异。结果显示5株代表性金花菌的显微结构未出现明显分化，但纤维素酶、果胶酶、蛋白酶、多酚氧化酶4种胞外酶活性差异显著，反映了其代谢速度及发酵性能上的差异，其中JH1805、B1的各项酶活性均较高，可作为黑茶发酵的优良菌株进一步选育。

为进一步了解不同金花菌株系的遗传分化情况，查找金花菌有性型/无性型菌体转录组序列的SSR位点，选取适宜位点设计EST-SSR引物，以15株金花菌+谢瓦曲霉的DNA为模板进行PCR扩增，由扩增结果数据矩阵所构建的系统树可知，谢瓦曲霉作为外群单独聚为一支，其遗传相似系数（0.775）远低于金花菌种内不同类群间的相似系数（0.965～0.983），证明该系列EST-SSR引物可有效鉴别金花菌种内及种间单位，15株金花菌在遗传相似系数为0.983的水平上可分为5簇，并与形态学所划分的差异类群有一定的相关性，证实了金花菌存在生理分化及遗传多样性的不同种群。

二、金花菌与近缘种假灰绿曲霉、谢瓦曲霉存在生理差异

研究金花菌与近缘种假灰绿曲霉、谢瓦曲霉的生理差异，结果显示三者生理性状的相似之处较多，如有性型菌落形态、发酵黑毛茶产品的感官特征、分泌胞外酶种类及酶活特征等，这也是传统的微生物鉴定方法不易将这3种近缘菌有效区分的原因。同时，研究发现三者存在一些生理性状上的差异，如无性型菌落形态的不同、两种孢子的结构差异等，可依据这些生理性状的特征将这3种近缘菌进行初步鉴别。

三、线粒体基因组信息揭示金花菌及近缘种系统进化关系

通过对金花菌、假灰绿曲霉、谢瓦曲霉以及一些近缘种真菌线粒体基因组信息的分析，发现金花菌与假灰绿曲霉的亲缘关系最近，其次是谢瓦曲霉，三者在不同基因序列构建的系统树上均聚为一小支，且碱基偏斜、核苷酸组成等揭示三者可能有着相似的遗传进化背景。在金花菌的分类及命名方面，采用线粒体基因组蛋白质编码基因构建的系统进化树表明，金花菌与曲霉属物种聚为一簇，且在基因排列、氨基酸密码子特征等方面均符合曲霉属的典型特征，据此本研究支持将金花菌归类于曲霉属（*Aspergillus*）并使用冠突曲霉（*A. cristatus*）这一命名。

四、线粒体序列 *nad6+cox1* 分子标记可用于金花菌及其近缘种的鉴定

探讨线粒体基因组不同序列位点开发分子标记的可行性，发现 *cox1* 序列进化速度最快且分辨率较高，能较为清晰地反映曲霉及青霉属单位种间关系，但对少数物种如 *A. flavus*、*A. ustus* 等的鉴别效果不佳。在此基础上开发了 *nad6+cox1* 组合序列分子标记，该分子标记可达到 100% 的品种分辨率，用其所构建的系统树与线粒体全蛋白质编码基因系统树拓扑结构基本一致，且分支置信度较高，可为金花菌及其近缘种的鉴定提供可靠的依据。

五、金花菌生殖调控及产孢相关基因资源

对金花菌有性型 / 无性型的菌体进行转录组测序，通过 de novo 拼接组装、注释后获得基因组信息，分析与两种生殖方式相关的基因及机制。从两种转录组序列 3 810 个差异表达基因中筛选了 *chsD*、*chsC*、*HOP1*、*DMC1*、*Gpa2*、*MAT1-2*、*PpoA*、*Gpa2*、*VCX1*、*anxC3* 等几十条与调控孢子壁生物合成、性别分化、钙离子代谢途径等相关的基因，其中部分基因如 *MAT1-2*、*wetA* 等在金花菌性别分化及产孢过程中具有重要调控作用，为金花菌分子辅助育种及高效产孢发酵工艺提供了资源与基础。

参考文献

[1] 郑梦霞, 李会娟, 陈淑娜, 等. 冠突散囊菌发酵对茶汤香气成分的影响 [J]. 食品科学, 2019, 40(18): 223–228.

[2] 李适, 龚雪, 刘仲华, 等. 冠突散囊菌对茶叶品质成分的影响研究 [J]. 菌物学报, 2014, 33(3): 713–718.

[3] KANG D, SU M, DUAN Y, et al. *Eurotium cristatum*, a potential probiotic fungus from Fuzhuan brick tea, alleviated obesity in mice by modulating gut microbiota[J]. Food & function, 2019, 10(8): 5032–5045.

[4] XIAO Y, ZHONG K, BAI J R, et al. The biochemical characteristics of a novel fermented loose tea by *Eurotium cristatum* (MF800948) and its hypolipidemic activity in a zebrafish model[J]. LWT–food science and technology, 2019, 117: 108629.

[5] LIU T. Effect of *Eurotium cristatum* fermented dark tea extract on body weight and blood lipid in rats[J]. Journal of the academy of nutrition & dietetics, 2016, 116(9): A77.

[6] CHAN L Y, TAKAHASHI M, LIM P J, et al. *Eurotium cristatum* fermented okara as a potential food ingredient to combat diabetes[J]. Scientific reports, 2019, 9(1): 17536.

[7] 黄颂, 刘仲华, 黄建安. 茯茶水提物对Ⅱ型糖尿病小鼠糖代谢紊乱的干预作用 [J]. 茶叶科学, 2016, 36(3): 250–260.

[8] ZHOU S, XU X, LIN Y, et al. On–line screening and identification of free

radical scavenging compounds in *Angelica dahurica* fermented with *Eurotium cristatum* using an HPLC–PDA–Triple–TOF–MS/MS–ABTS system[J]. Food chemistry, 2019: 670–678.

[9] ZOU X, LI Y, ZHANG X, et al. A new prenylated indole diketopiperazine alkaloid from *Eurotium cristatum*[J]. Molecules, 2014, 19(11): 17839–17847.

[10] 赵运林 , 刘石泉 . 茯砖茶发花散茶制备工艺 : CN 201010598870.5[P]. 2011-06-08.

[11] 谌小丰 . 金花千两茶 (花卷茶) 的制作工艺 : CN 200710035437.9[P]. 2009-01-28.

[12] 涂政 , 梅慧玲 , 李欢 , 等 . 冠突散囊菌和植物乳杆菌联合发酵对绿茶液态饮料品质的影响 [J]. 茶叶科学 , 2018, 38(5): 496–507.

[13] 陈敏 , 谢发 , 游玲 , 等 . 冠突散囊菌发酵苦丁茶工艺研究 [J]. 食品与发酵工业 , 2020, 46(6): 224–228.

[14] 智研咨询 . 2020—2026 年中国黑茶行业投资盈利分析及发展前景展望报告 [R]. 北京 : 智研咨询集团 , 2020.

[15] 徐国帧 . 砖茶黄霉菌之分离 [J]. 茶叶参考资料 , 1941: 196–210.

[16] 邓冠云 . 紧压茶发酵产生“黄花”的探讨 [J]. 茶叶 , 1981(3): 45–48.

[17] 胡建程 , 胡月龄 , 钱泽树 . 茶叶中霉菌的研究 [J]. 茶叶 , 1979(1): 8–9.

[18] 胡月龄 , 胡建程 , 钱泽澍 . 压制茶中霉菌的研究 [J]. 茶叶科学 , 1984(1): 53–58.

[19] 仓道平 , 温琼英 . 茯砖茶发酵中优势菌与有害菌类的分离鉴定 [J]. 茶叶通讯 , 1981(2): 12–14.

[20] 梁晓岚 . 四川茯砖茶主要霉菌的分离鉴定及其优势菌种的筛选 [J]. 广东茶业 , 1996(4): 13–15.

[21] 刘作易 , 秦京 . 茯砖茶“金花”菌 : 谢瓦氏曲霉间型变种的孢子产生条件 [J]. 西南农业学报 , 1991, 4(1): 73–77.

[22] 齐祖同 , 孙曾美 . 茯砖茶中优势菌种的鉴定 [J]. 真菌学报 , 1990(3): 176–179.

[23] 齐祖同 . 中国真菌志 : 第五卷 曲霉属及其相关有性型 [M]. 北京 : 科学出版社 , 1997.

[24] 黄浩，郑红发，赵熙，等．不同茶类发花茯茶中“金花”菌的分离、鉴定及产黄曲霉毒素分析 [J]. 食品科学，2017, 38(8): 49–55.

[25] 李世瑞，蒋立文，周金沙，等．一株冠突散囊菌的鉴定、培养差异性及蛋白质全谱分析 [J]. 中国酿造，2018, 37(4): 98–102.

[26] 王昕，张宇翔，任婷婷，等．茯砖茶中冠突散囊菌的分离鉴定及其在液态发酵中的应用 [J]. 食品科学，2019, 40(14): 172–178.

[27] PETERSON S W. Phylogenetic analysis of *Aspergillus* species using DNA sequences from four loci[J]. Mycologia, 2008, 100(2): 205–226.

[28] HUBKA V, KOLAŘÍK M, KUBÁTOVÁ A, et al. Taxonomic revision of *Eurotium* and transfer of species to *Aspergillus*[J]. Mycologia, 2013, 105(4): 912–937.

[29] KIRK P M, NORVELL L L, 姚一建．国际植物学墨尔本大会上命名法规的变化 [J]. 菌物研究，2011, 9(3): 125–128.

[30] 王磊，谭国慧，潘清灵，等．黑茶砖茶中两种产生“金花”的曲霉菌 [J]. 菌物学报，2015, 34(2): 186–195.

[31] 谭玉梅，王亚萍，葛永怡，等．贵州地区茯砖茶“金花菌”的分离和分子鉴定 [J]. 菌物学报，2017, 36(2): 154–163.

[32] CHEN A J, HUBKA V, FRISVAD J C, et al. Polyphasic taxonomy of *Aspergillus* section *Aspergillus* (formerly *Eurotium*), and its occurrence in indoor environments and food[J]. Studies in mycology, 2017, 88: 37–135.

[33] XU A, WANG Y, WEN J, et al. Fungal community associated with fermentation and storage of Fuzhuan brick-tea[J]. International journal of food microbiology, 2011, 146(1): 14–22.

[34] 胡谢馨，易有金，柏连阳，等．茯砖茶“金花”菌的分离、鉴定及转化葛根产物研究 [J]. 茶叶科学，2016, 36(3): 268–276.

[35] 徐佳，邱树毅，周鸿翔，等．酱香大曲中可培养的冠突散囊菌的初步研究 [J]. 中国酿造，2016, 35(6): 55–59.

[36] 颜正飞，郭健，杨杨，等．分离自茯砖茶的真菌菌株 MJAU EC021 的鉴定及培养过程中生理特性 [J]. 微生物学通报，2016, 43(2): 310–321.

[37] 赵仁亮，吴丹，姜依何，等．不同产区加工的茯砖茶中“金花”菌的分离及分子鉴定 [J]. 湖南农业大学学报 (自然科学版), 2016,42 (6): 592–600.

[38] MAO Y, WEI B Y, TENG J W, et al. Analyses of fungal community by Illumina MiSeq platforms and characterization of *Eurotium* species on Liupao tea, a distinctive post-fermented tea from China[J]. Food research international, 2017, 99: 641-649.

[39] 张波 . 冠突散囊菌固态发酵对葛根黄酮组分及抗氧化活性的影响 [D]. 南京 : 南京农业大学 , 2017.

[40] 严蒸蒸 . 冠突曲霉 FZ-2 对干燥环境的适应及代谢 [D]. 福州 : 福建师范大学 , 2018.

[41] 孟令缘 , 施东妮 , 盛焕精 , 等 . 泾阳茯茶生产环境中冠突散囊菌多样性检测 [J]. 西北农业学报 , 2019, 28(1): 139-145.

[42] 孟雁南 . 陕西茯砖茶优势菌群及其功能性研究 [D]. 西安 : 陕西科技大学 , 2019.

[43] 杨瑞娟 , 王桥美 , 彭文书 , 等 . 8 种市售“金花”茶中微生物的分离鉴定 [J]. 热带农业科学 , 2019, 39(10): 81-88.

[44] 唐万达 , 黄振东 , 万晴 , 等 . 不同发酵茶中优势真菌的分离鉴定及产消化酶活性比较 [J]. 中国微生态学杂志 , 2019, 31(10): 1140-1146.

[45] RUI Y, WAN P, CHEN G, et al. Analysis of bacterial and fungal communities by Illumina MiSeq platforms and characterization of *Aspergillus cristatus* in Fuzhuan brick tea[J]. LWT, 2019, 110: 168-174.

[46] 张月 , 崔旋旋 , 刘英学 , 等 . 茯砖茶中冠突散囊菌的分离鉴定及其发酵工艺和生物活性研究 [J]. 食品与发酵工业 , 2020, 46(22): 202-207.

[47] 雷林超 . 冠突散囊菌产阿魏酸酯酶及其在黑茶制备中的应用 [D]. 泉州 : 华侨大学 , 2020.

[48] 管飘萍 , MUNKHBAYAR E, 黄紫贝 , 等 . 茶叶中 23 株真菌的分离鉴定 [J]. 江苏农业科学 , 2020, 48(16): 285-286, 288-290.

[49] 余烨颖 , 赵以桥 , 曾昱龙 , 等 . β - 微管蛋白联合 ITS 序列在金花菌鉴定中的应用 [J]. 茶叶通讯 , 2020, 47(2): 255-261.

[50] 刘海燕 . 假灰绿曲霉酸性蛋白酶 Aspergillopepsin Ⅰ的表达及蛋白水解 [D]. 无锡 : 江南大学 , 2018.

[51] 苏赞 , 陈皓睿 , 薛云 , 等 . 三株散囊菌属真菌的茶叶液态发酵与其成分分析 [J]. 工业微生物 , 2020, 50(1): 14-19.

[52] LIU H, ZHANG R, LI L, et al. The high expression of *Aspergillus pseudoglaucus* protease in *Escherichia coli* for hydrolysis of soy protein and milk protein[J]. Preparative biochemistry and biotechnology, 2018, 48(8): 725–733.
[53] 陈云兰 . 茯砖茶"金花菌"的分类鉴定及其对茯砖茶品质的影响 [D]. 南京 : 南京农业大学 , 2004.
[54] 龙章德 , 陈皓睿 , 刘鸿 , 等 . 来自六堡茶的 3 株散囊菌属真菌对烟草的发酵效果分析 [J]. 南方农业学报 , 2018, 49(10): 2055–2061.
[55] 肖力争 , 刘仲华 , 李勤 . 黑茶加工关键技术与产品创新 [J]. 中国茶叶 , 2019, 41(2): 10–13， 16.
[56] 胡治远 , 赵运林 , 刘素纯 , 等 . 不同品种茯砖茶中优势微生物的分离鉴定 [J]. 江西农业学报 , 2011, 23(12): 60–64.
[57] 胡治远 , 赵运林 , 刘石泉 , 等 . 茯砖茶冠突散囊菌多样性初步研究 [J]. 茶叶 , 2012, 38(2): 82–88.
[58] 许永立 , 赵运林 , 曾红远 , 等 . 不同类型冠突散囊菌对茯砖散茶主要化学成分的影响 [J]. 中国农学通报 , 2013, 29(18): 200–205.
[59] 刘石泉 . 茯砖茶金花菌及其相关微生物多样性研究 [D]. 长沙 : 湖南农业大学 , 2014.
[60] 王文涛 , 赵运林 , 杨海君 , 等 . 基于形态学与 ITS 序列对冠突散囊菌多样性研究 [J]. 中国农学通报 , 2014, 30(24): 310–315.
[61] 王亚丽 . 茯砖茶金花菌分离鉴定及"发花"效应研究 [D]. 西安 : 陕西科技大学 , 2018.
[62] 胡治远 , 刘素纯 , 赵运林 , 等 . 茯砖茶生产过程中微生物动态变化及优势菌鉴定 [J]. 食品科学 , 2012, 33(19): 244–248.
[63] 罗冰 . 茯砖茶发酵菌生物学特性及其发酵剂制备研究 [D]. 西安 : 陕西科技大学 , 2014.
[64] 蔡信之 , 黄君红 . 微生物学实验 [M].3 版 . 北京 : 科学出版社 , 2010.
[65] ZHAO Y, KARYPIS G. Evaluation of hierarchical clustering algorithms for document datasets[P]. Information and knowledge management, 2002.
[66] 赵兴丽 , 张金峰 , 周玉锋 , 等 . 一株拮抗茶炭疽病菌的木霉菌的分离、筛选及鉴定 [J]. 茶叶科学 , 2019, 39(4): 431–439.

[67] 梅宇 , 梁晓 . 2019 年中国黑茶行业产销概况通报 [J]. 茶世界 , 2020(8): 1–10.

[68] 龚玉雷 , 魏春 , 王芝彪 , 等 . 生物酶在茶叶提取加工技术中的应用研究 [J]. 茶叶科学 , 2013, 33(4): 311–321.

[69] 刘兴勇 , 师江 , 邵金良 , 等 . 普洱茶晒青样游离氨基酸和色泽差异研究 [J]. 食品科学 , 2015, 36(1): 46–50.

[70] FINGER A. In-vitro studies on the effect of polyphenol oxidase and peroxidase on the formation of polyphenolic black tea constituents[J]. Journal of the science of food & agriculture, 2010, 66(3): 293–305.

[71] 叶飞 , 高士伟 , 龚自明 , 等 . 不同品种砂梨多酚氧化酶改善夏暑宜红茶的理化品质 [J]. 现代食品科技 , 2020, 36(5): 231–237, 251.

[72] 欧惠算 . 六堡茶微生物的分离鉴定及优势菌对茶叶成分的影响研究 [D]. 广州 : 华南农业大学 , 2017.

[73] GE Y, WANG Y, LIU Y X, et al. Comparative genomic and transcriptomic analyses of the Fuzhuan brick tea–fermentation fungus *Aspergillus cristatus*[J]. BMC genomics, 2016, 17(1): 1–13.

[74] SULAIMAN Z H, HUI T H, LIM K K P, et al. Mitochondrial DNA sequence analyses in Bornean sucker fishes (*Balitoridae*: *Teleostei*: *Gastromyzontinae*)[J]. Integrative zoology, 2006, 1(1): 12–14.

[75] MIN X J, HICKEY D A. Assessing the effect of varying sequence length on DNA barcoding of fungi[J]. Molecular ecology notes, 2010, 7(3): 365–373.

[76] LIANG W, YUN L Z, ZHENG G X, et al. The complete mitochondrial genome and phylogeny of *Geospiza magnirostris* (*Passeriformes*: *Thraupidae*)[J]. Conservation genetics resources, 2018, 11: 191–193.

[77] PATEL R K, JAIN M. NGS QC Toolkit: a toolkit for quality control of next generation sequencing data[J]. PloS one, 2012, 7(2): e30619.

[78] ANTIPOV D, KOROBEYNIKOV A, MCLEAN J S, et al. HybridSPAdes: an algorithm for hybrid assembly of short and long reads[J]. Bioinformatics, 2016, 32(7): 1009–1015.

[79] BERNT M, DONATH A, JÜHLING F, et al. MITOS: improved de novo metazoan mitochondrial genome annotation[J]. Molecular phylogenetics and evolution, 2013, 69(2): 313–319.

[80] LOHSE M, DRECHSEL O, BOCK R. OrganellarGenomeDRAW (OGDRAW): a tool for the easy generation of high-quality custom graphical maps of plastid and mitochondrial genomes[J]. Current genetics, 2007, 52(5-6): 267-274.

[81] WERNERSSON R. FeatureExtract：extraction of sequence annotation made easy[J]. Nucleic acids research, 2005, 33(suppl 2): W567-W569.

[82] XIA X, XIE Z. DAMBE: software package for data analysis in molecular biology and evolution[J]. Journal of heredity, 2001, 92(4): 371-373.

[83] LOWE T M, EDDY S R. tRNAscan-SE: a program for improved detection of transfer RNA genes in genomic sequence[J]. Nucleic acids research, 1997, 25(5): 955-964.

[84] KIMURA M. A simple method for estimating evolutionary rates of base substitutions through comparative studies of nucleotide sequences[J]. Journal of molecular evolution, 1980, 16(2): 111-120.

[85] 彭艳，陈斌，李廷景 . 黄侧异腹胡蜂线粒体基因组全序列测定和分析 [J]. 昆虫学报，2017, 60(4): 464-474.

[86] FÉRANDON C，XU J P, BARROSO G, et al. The 135 kbp mitochondrial genome of *Agaricus bisporus* is the largest known eukaryotic reservoir of group I introns and plasmid-related sequences[J]. Fungal genetics & biology, 2013, 55(Complete): 85-91.

[87] BURGER G, GRAY M W, LANG B F. Mitochondrial genomes: anything goes[J]. Trends in genetics tig, 2003, 19(12): 709-716.

[88] JOARDAR V, ABRAMS N F, HOSTETLER J, et al. Sequencing of mitochondrial genomes of nine *Aspergillus* and *Penicillium* species identifies mobile introns and accessory genes as main sources of genome size variability[J]. BMC genomics, 2012, 13(1): 698.

[89] JUHÁSZ Á, PFEIFFER I, KESZTHELYI A, et al. Comparative analysis of the complete mitochondrial genomes of *Aspergillus niger* mtDNA type 1a and *Aspergillus tubingensis* mtDNA type 2b[J]. FEMS microbiology letters, 2008, 281(1): 51-57.

[90] WOO P C Y, ZHEN H, CAI J J, et al. The mitochondrial genome of the thermal dimorphic fungus *Penicillium marneffei* is more closely related to those

of molds than yeasts[J]. FEBS letters, 2003, 555(3): 469–477.

[91] DOWTON M, CASTRO L R, CAMPBELL S L, et al. Frequent mitochondrial gene rearrangements at the hymenopteran *nad3–nad5* junction[J]. Journal of molecular evolution, 2003, 56(5): 517–526.

[92] CHEN C, FU R T, WANG J, et al. Characterization and phylogenetic analysis of the complete mitochondrial genome of *Aspergillus* sp (*Eurotiales*: *Eurotiomycetidae*)[J]. Mitochondrial DNA part B, 2019, 4(1): 752–753.

[93] ASAF S, KHAN A L, HAMAYUN M, et al. Complete mitochondrial genome sequence of *Aspergillus oryzae* RIB 127 and its comparative analysis with related species[J]. Mitochondrial DNA part B, 2017, 2(2): 632–633.

[94] SRIVATHSAN A , MEIER R. On the inappropriate use of Kimura–2–parameter (K2P) divergences in the DNA–barcoding literature[J]. Cladistics, 2011, 28(2): 190–194.

[95] HEBERT P D N, CYWINSKA A, BALL S L, et al. Biological identifications through DNA barcodes[J]. Proceedings of the royal society B: biological sciences, 2003, 270(1512): 313–321.

[96] YAMADA O, TAKARA R, HAMADA R, et al. Molecular biological researches of Kuro–Koji molds, their classification and safety[J]. Journal of bioscience & bioengineering, 2011, 112(3): 233–237.

[97] WEBER C C, HURST L D. Intronic AT skew is a defendable oroxy for germline transcription but does not predict crossing–over or protein evolution rates in *Drosophila melanogaster*[J]. Journal of molecular evolution, 2010, 71(5): 415–426.

[98] 曾昭清，赵鹏，罗晶，等. 从真菌全基因组中筛选丛赤壳科的 DNA 条形码[J]. 中国科学：生命科学，2012, 42(1): 55–63.

[99] DAMON C, BARROSO G , FÉRANDON C , et al. Performance of the *cox1* gene as a marker for the study of metabolically active *Pezizomycotina* and *Agaricomycetes* fungal communities from the analysis of soil RNA[J]. FEMS microbiology ecology, 2010, 74(3): 693–705.

[100] LI Q, YANG M, CHEN C, et al. Characterization and phylogenetic analysis of the complete mitochondrial genome of the medicinal fungus *Laetiporus*

sulphureus[J]. Scientific reports, 2018, 8(1): 1–12.

[101] 张宇，郭良栋．真菌 DNA 条形码研究进展 [J]. 菌物学报，2012, 31(6): 809–820.

[102] TAN Y M, WANG Y P, GE Y Y, et al. Isolation and molecular identification of *Aspergillus cristatus* in fermented fuzhuan brick tea from Guizhou province[J]. Mycosystem, 2017, 36(2): 154–163.

[103] 胡治远，刘素纯，刘石泉．冠突散囊菌子囊孢子粗多糖抗氧化活性的比较分析 [J]. 现代食品科技，2019, 35(9): 102–109.

[104] 肖晗汕，李滔滔，汤涵，等．冠突散囊菌繁殖体提取物抑菌活性研究 [J]. 食品与发酵工业，2020, 46(14): 65–69.

[105] 郑欣欣．茯砖茶中“金花”菌产孢机制及其功能性研究 [D]. 西安：陕西科技大学，2015.

[106] 萨姆布鲁克 J, 拉塞尔．分子克隆实验指南：第 3 版 [M]. 北京，科学出版社，2016.

[107] 徐正刚．构树（*Broussonetia papyrifera*）抗镉基因筛选及 MYB 转录因子抗镉功能研究 [D]. 长沙：中南林业科技大学，2018.

[108] CINGOLANI P, PLATTS A, WANG L L, et al. A program for annotating and predicting the effects of single nucleotide polymorphisms, SnpEff: SNPs in the genome of Drosophila melanogaster strain w1118; iso-2; iso-3[J]. Fly, 2012, 6(2): 80–92.

[109] FLOREA L, SONG L, SALZBERG S L. Thousands of exon skipping events differentiate among splicing patterns in sixteen human tissues[J]. F1000 Research, 2013, 2: 188.

[110] WANG L, WANG S, LI W. RSeQC: quality control of RNA-seq experiments[J]. Bioinformatics, 2012, 28(16): 2184–2185.

[111] TRAPNELL C, WILLIAMS BA, PERTEA G, et al. Transcript assembly and quantification by RNA-Seq reveals unannotated transcripts and isoform switching during cell differentiation[J]. Nature biotechnology, 2010, 28(5): 511–515.

[112] ROBINSON M D, MCCARTHY D J, SMYTH G K. edgeR: a Bioconductor package for differential expression analysis of digital gene expression data[J].

Bioinformatics, 2010, 26(1): 139–140.

[113] XIE C, MAO X, HUANG J, et al. KOBAS 2.0: a web server for annotation and identification of enriched pathways and diseases[J]. Nucleic acids research, 2011, 39(suppl 2): 316–322.

[114] 郑鹏，王成树．真菌有性生殖调控与进化 [J]. 中国科学：生命科学，2013, 43(12): 1090–1097.

[115] DIJKSTERHUIS J. Food mycology: a multifaceted approach to fungi and food[M]. Boca Raton: CRC Press, 2007: 101–117.

[116] 胡治远．湖南地区茯砖茶菌群多样性及发花工艺优化研究 [D]. 长沙：湖南农业大学，2012.

[117] BOWMAN S M, FREE S J. The structure and synthesis of the fungal cell wall[J]. Bioessays, 2006, 28(8): 799–808.

[118] LATGÉ J P. The cell wall: a carbohydrate armour for the fungal cell[J]. Molecular microbiology, 2007, 66(2): 279–290.

[119] 房文霞，金城．烟曲霉细胞壁的组分、组装及其功能概述 [J]. 菌物学报，2018, 37(10): 1307–1316.

[120] 张玲，刘超，龙朝钦，等．烟曲霉 Af293 *chsD* 基因缺失突变株的构建 [J]. 中国皮肤性病学杂志，2015, 29(5): 447–450, 527.

[121] 陈灯．稻瘟菌菌丝细胞壁蛋白的鉴定和一个剪切因子 *MoSrp1* 的功能研究 [D]. 北京：中国农业大学，2018.

[122] MAUBON D, PARK S, TANGUY M, et al. *AGS3*, an α (1–3) glucan synthase gene family member of *Aspergillus fumigatus*, modulates mycelium growth in the lung of experimentally infected mice[J]. Fungal genetics and biology, 2006, 43(5): 366–375.

[123] RaGNI E, COLUCCIO A, ROLLi E, et al. *GAS2* and *GAS4*, a pair of developmentally regulated genes required for spore wall assembly in *Saccharomyces cerevisiae*[J]. Eukaryotic cell, 2007, 6(2): 302–316.

[124] CaBIB E, BLANCO N, GRAU C, et al. *Crh1p* and *Crh2p* are required for the cross-linking of chitin to β (1–6) glucan in the Saccharomyces cerevisiae cell wall[J]. Molecular microbiology, 2007, 63(3): 921–935.

[125] BAYRY J, BEAUSSART A, DUFRÊNE Y F, et al. Surface structure

characterization of *Aspergillus fumigatus* conidia mutated in the melanin synthesis pathway and their human cellular immune response[J]. Infection and immunity, 2014, 82(8): 3141–3153.

[126] WEYDA I, YANG L, VANG J, et al. A comparison of *Agrobacterium*-mediated transformation and protoplast-mediated transformation with *CRISPR–Cas9* and bipartite gene targeting substrates, as effective gene targeting tools for *Aspergillus carbonarius*[J]. Journal of microbiological Methods, 2017, 135: 26–34.

[127] GE Y, YU F, TAN Y, et al. Comparative transcriptome sequence analysis of sporulation–related genes of *Aspergillus cristatus* in response to low and high osmolarity[J]. Current microbiology, 2017, 74(7): 806–814.

[128] 葛永怡，吴石平，谭玉梅，等．冠突散囊菌不同生长阶段 *MAT* 基因的表达量变化 [J]. 西南农业学报，2015, 28(6): 2730–2735.

[129] KAKIHARA Y, NABESHIMA K, HIRATA A, et al. Overlapping *omt1*+ and *omt2*+ genes are required for spore wall maturation in *Schizosaccharomyces pombe*[J]. Genes to cells, 2010, 8(6): 547–558.

[130] HINCH A G, BECKER P W, LI T, et al. The configuration of *RPA*, *RAD51*, and *DMC1* binding in meiosis reveals the nature of critical recombination intermediates[J]. Molecular cell, 2020, 79(4): 689–701.

[131] WINTER E. The *Sum1/Ndt80* transcriptional switch and commitment to meiosis in *Saccharomyces cerevisiae*[J]. Microbiology and molecular biology reviews, 2012, 76(1): 1–15.

[132] KRÖBER A , ETZRODT S , BACH M , et al. The transcriptional regulators *SteA* and *StuA* contribute to keratin degradation and sexual reproduction of the dermatophyte *Arthroderma benhamiae*[J]. Current Genetics, 2017, 63(1): 103–116.

[133] ZHANG X, LI M, ZHU Y, et al. *Penicillium oxalicum* putative methyltransferase *Mtr23B* has similarities and differences with *LaeA* in regulating conidium development and glycoside hydrolase gene expression[J]. Fungal genetics and biology, 2020: 103445.

[134] EstIARTE N, LAWRENCE C B, SANCHIS V, et al. *LaeA* and *VeA* are involved

in growth morphology, asexual development, and mycotoxin production in *Alternaria alternata*[J]. International journal of food microbiology, 2016, 238: 153–164.

[135] WU M Y, MEAD M E, LEE M K, et al. Systematic dissection of the evolutionarily conserved *WetA* developmental regulator across a genus of filamentous fungi[J]. MBio, 2018, 9(4): e01130–18.

[136] CUI J, KAANDORP J A, OSITELU O O, et al. Simulating calcium influx and free calcium concentrations in yeast[J]. Cell calcium, 2009, 45(2): 123–132.

[137] KUMAR R, TAMULI R. Calcium/calmodulin–dependent kinases are involved in growth, thermotolerance, oxidative stress survival, and fertility in *Neurospora crassa*[J]. Archives of microbiology, 2014, 196(4): 295–305.

[138] CAVINDER B, TRAIL F. Role of *Fig1*, a component of the low–affinity calcium uptake system, in growth and sexual development of filamentous fungi[J]. Eukaryotic cell, 2012, 11(8): 978–988.

[139] 任秀秀 , 余芳 , 谭玉梅 , 等 . 冠突曲霉钙调素 *cam* 基因的克隆及表达分析 [J]. 基因组学与应用生物学 , 2017, 36(11): 4663–4669.

[140] 任秀秀 , 谭玉梅 , 任春光 , 等 . 茯砖茶“金花菌” *vcx* 基因克隆及表达分析 [J]. 基因组学与应用生物学 , 2017, 36(12): 5135–5142.

[141] ROZE D. Disentangling the benefits of sex[J]. PLoS biol, 2012, 10(5): e1001321.

[142] GODDARD M R, GODFRAY H C J, BURt A. Sex increases the efficacy of natural selection in experimental yeast populations[J]. Nature, 2005, 434(7033): 636–640.

[143] LIU H, SANG S, WANG H, et al. Comparative proteomic analysis reveals the regulatory network of the *veA* gene during asexual and sexual spore development of *Aspergillus cristatus*[J]. Bioscience Reports, 2018, 38(4).

[144] 陈怡 , 刘石泉 , 李滔滔 , 等 . 冠突散囊菌分生孢子产孢条件研究 [J]. 湖南城市学院学报 (自然科学版), 2020, 29(4): 73–78.

[145] DYER P S, O’GORMAN C M. Sexual development and cryptic sexuality in fungi: insights from *Aspergillus* species[J]. FEMS microbiology reviews, 2012, 36(1): 165–192.

[146] 李新凤 . 山西镰刀菌种类鉴定及遗传多样性分析研究 [D]. 太原 : 山西农业大学 , 2013.

[147] 丁换云 , 魏迎凤 , 陈小飞 . 交链格孢菌 EST-SSR 信息分析与分子标记通用性评价 [J]. 西北农业学报 , 2020, 29(1): 157-163.

[148] BEIER S, THIEL T, MÜNCH T, et al. MISA-web: a web server for microsatellite prediction[J]. Bioinformatics, 2017, 33: 2583-2585.

[149] HUANG Y, LI F, CHEN K. Analysis of diversity and relationships among Chinese orchid cultivars using EST-SSR markers[J]. Biochemical systematics and ecology, 2010, 38(1): 93-102.

[150] NEI M, KUMAR S. Molecular evolution and phylogenetics[M]. NewYork: Oxford University Press, 2000.

[151] LAPOINTE F J, LEGENDRE P. Statistical significance of the matrix correlation coefficient for comparing independent phylogenetic trees[J]. Systematic biology, 1992, 41(3): 378-384.

[152] TEMNYKH S, PARK W D, AYRES N, et al. Mapping and genome organization of microsatellite sequences in rice (*Oryza sativa* L.)[J]. TAG theoretical&applied genetics, 2000, 100(5): 697-712.

[153] 李清 , 李标 , 郭顺星 . 金钗石斛转录组SSR位点信息分析[J]. 中国中药杂志 , 2017, 42(1): 63-69.

[154] PARTHIBAN S, GOVINDARAJ P, SENTHILKUMAR S. Comparison of relative efficiency of genomic SSR and EST-SSR markers in estimating genetic diversity in sugarcane[J]. Biotech, 2018, 8(3): 1-12.

[155] XIANG C, DUAN Y, LI H , et al. A high-density EST-SSR-based genetic map and QTL analysis of dwarf trait in *Cucurbita pepo* L[J]. International journal of molecular sciences, 2018, 19(10): 3140.

[156] 傅鸿妃 , 吕晓菡 , 陈建瑛 , 等 . 辣椒种质表型性状与 SSR 分子标记的遗传多样性分析 [J]. 核农学报 , 2018, 32(7): 1309-1319.